集客變現時代

香教你個行銷！

讓你懂平台，抓客群，讚讚都能轉換成金流！

知名講師（陳禾穎）織田紀香 著

這本書，

希望能幫助對數位行銷有興趣的朋友，

找到順藤摸瓜的方法，

了解在這看似快速且複雜的世界裡，

我們怎麼去規劃、執行與享受成果

——織田紀香

集客變現時代來了，你準備好了嗎？

曾經，有好長一段時間常聽到企業經營者提到：「做行銷沒用啦，不會帶來任何的效果，只是花錢宣傳跟曝光而已。」或許他說的沒錯，在那個數位、網路、技術還沒有普及的年代，行銷要衡量成果，甚至做出看得到的效果，只能用推估、推測的，想要掌握行銷所產生的效益，相對難度很高。

可是，行銷如果只做宣傳與曝光，難道不夠嗎？換個角度講，當商品推出時，不靠行銷做廣告曝光、宣傳，有辦法接觸到消費者嗎？在過去，也許做行銷的從業人員，只要能將商品上架到通路，自然就會有銷量，但到了2018年的現在，光靠通路上架，商品就能帶來足夠銷量嗎，現況依舊如此嗎？

市場競爭越趨激烈，競爭者不用落地開立公司，透過線上銷售平台，商品不需找貿易商經進口，即可藉由線上銷售平台，供消費者在線上付費購買。快則三天到貨、慢則七到十四天，對消費者而言，購買商品已進入全球化商品選擇的時代，想買什麼，只要線上銷售平台找得到，均有機會買到手。

線上跨國銷售，將商品交易過程變得更加扁平，競爭者將不再被區域侷限，而是可以透過線上銷售平台，不被國界、疆域限制。在企業看不到競爭者，正打著一場看不見對手的戰爭。稍有不慎，轉眼市場、市占可能就被對方搶走。

因此，不論企業要不要面對現況，所有提供商品銷售、服務的業者，想在全球競爭年代下生存，必然得耗費更多心思投入行銷資源，試圖在這市場激烈的競爭之中，找出一條得以存活之路。

正因為資訊技術持續大幅躍進，令各類平台與應用軟體如雨後春筍般的冒出，將消費者與商品之間距離大幅縮短，可也因此令競爭態勢被推到極限。因為所有的商品、服務供應商，從以前僅需經營好自家守備範圍的客戶圈即可，到了現在客戶被搶走也許轉眼之間，而搶走的競爭對手還完全是不同領域的業者。

因網路已發展到前所未有的成熟階段，再加上行動裝置推波助瀾，網路社交媒體觸及社會各個角落，數位行銷應用有了爆炸性增長空間。業者，要面對激烈市場競爭，不能再忽略行銷的重要性，尤其行銷已不再只是純粹曝光與宣傳。想要與競爭對手正面激烈交鋒，得陸續齊備在數位領域的行銷相關知識，並累積出足夠的經驗，才得以在這消費者隨時會被搶走的年代，捍衛自身商品與服務的領土。

所以，近幾年數位行銷在各行各業越趨重要。數位行銷談論、涉及的應用領域，並不限於純粹的宣傳，而是可以更進一步進入消費者心中，在市場上引起一番討論話題，影響更多潛在消費族群對商品與服務的認識，在消費者心中建立對於品牌或商品的鑑別度，甚至跨到看不到的服務世界之中，令消費者感受到實際可被妥善對待與對應的服務品質，為企業留下更多優良的印象。

數位行銷因其相關不同領域的技術發展成熟，已能為企業每一次行銷活動，帶來可被衡量、計算與追蹤的成果。好比從社群、口碑、內容、搜尋、網紅、直播、影音、數位廣告等，各式各樣的工具與應用方法，均可成為企業選擇做為行銷切入的方向。

更重要的是，消費者早已習慣每天透過行動裝置接受各類不同的大量資訊，其資訊內容或多或少都含有行銷意圖，不論直接或間接，消費者已被無所不在的行銷資訊給包覆，各類消費意圖也因社交媒體的關係，累積在許多不同的平台之中。

企業要做好商品銷售，不再需要向過去那般找尋潛在消費族群，而是消費族群已經集合在某個平台、論壇、社團、BBS之中，只要思考怎麼透過適當的行銷手段即能與他們接觸。**這是個極大化競爭的年代，卻也比起過往來說，市場變**

得尤其透明、鮮明，這些曾經靠著推測、推估出來的消費者，已經群聚在那，甚至透過數位廣告的技術，還能將散亂在網路四處各地的網友連接起來。

數位行銷不僅能做到行銷宣傳與曝光，還能替企業帶來具體變現的方法跟手段。妥善運用數位行銷，企業面對激烈的競爭市場，同樣可以找出一條得以生存與之競爭的活路。善用技術與工具，行銷與銷售將成一體兩面，運用技術累積下來的各種數據，替企業帶來集客變現的實踐方案，為獲利帶來最大化的可能。

織田紀香

2018.01.25

【目錄】

Part 2 十步驟弄懂Facebook粉絲專頁

Part 3 社群真的能集客嗎？

Part 4 精準找受眾，讓廣告投放產生最大效益

Part 5 經營社群與廣告齊頭並進

香教你個行銷——專有名詞釋疑

（依內文出現順序排列）

- **流量**：每一位訪客到訪網站時，為網站帶來的訪問量稱為流量。流量一般來說分成訪次與訪客，訪次是每一次前來網站的次數，訪客則是每一位上站的人，計算單位不同。各別又有分重複以及不重複。

- **點擊率CTR（Click through rate）**：當廣告在某個位置被訪客看到時，因訪客採取行動具體點擊該廣告，進而從該廣告之曝光量除以廣告被點擊數，稱為點擊率。

- **轉換數**：大多數位行銷均會設定出各種依據需求而定的行銷目標，像是獲得客戶名單、獲得訂單、獲得參與數、獲得安裝等，每個目標在實際操作時，訪客經不同管道、渠道抵達某特定或設定好的頁面，在該頁面上完成相關動作，其累積出來的成果數字稱為轉換數。

- **行動裝置最適化**：因應智慧型裝置使用者越來越多，許多人會透過行動裝置瀏覽網頁，而該網頁有無針對行動裝置的螢幕大小、解析度等，相應的自動調整。

- **廣告聯播網**：數位廣告之版位經由中介平台串接起來，並提供廣告主可以一次購入各大不同媒體的數位廣告，在不同媒體上，其所有串連起來的數位廣告稱之。

- **績效行銷（Performance Marketing）**：數位行銷在能掌握的數據越來越多、完整的狀態下，其相應可產生的目標也變得更具體。意指，許多數位行銷開始重視成效為導向的執行策略，並在策略規劃前，已訂定出明確的行銷目標，且精準控制預算在一定範圍之內。

- **DSP需求方平台（Demand-Side Platform）**：提供給廣告主在一平台上，依其需求設定欲投放廣告瞄準之受眾、版位。經設定後，佐以出價與預算將廣告素材上架。該平台會依照廣告主的需求設定，將廣告投放出去。

- **RTB即時競價機制（Real Time Bidding）**：當廣告主有意願在該廣告平台中投放廣告，該平台需經由廣告主的出價與其他同時在平台上的廣告主進行競價，此競價限制在100毫秒以內要完成，因此稱作即時競價機制。

- **網絡化（Networking）**：指的是將各種不同媒體，從網路世界，走向實體世界，串聯起所有可能的平台。像是利用數位廣告平台，管理所有戶外的電子看板，甚至是家中電視盒裡的廣告，都可以用統一單一的平台進行遞送。

- **導流作用**：零售商通常到大型的綜合電商平台開店，其優點是因該平台有龐大的用戶、較高的流量，因此只要商品上架後，即有機會在用戶搜尋或是查找產品的過程中，獲得導流的效用。

- **一頁式購物網站**：商品的呈現、購買、結帳，全在單一頁面裡面完成。這類購物網站，重視與用戶的深度溝通，強調內容與視覺所呈現的綜合效果。適用於品項不多的零售商。
- **C2C（Consumer to Consumer）**：客戶對客戶，平台業者僅提供雙方線上交易的機制，但不包含金流、物流。該機制令銷售端可以上架商品，其金流與物流，多由交易雙方私下協議而定，例如：露天拍賣、雅虎拍賣、蝦皮拍賣等，都屬於C2C購物的一種。
- **B2C（Business to Consumer）**：企業對客戶，零售商向平台端上架商品，平台端會向零售商收取一定程度的分潤，其服務、銷售、金流、物流等，完全由該電商平台業者負責，PChome購物、雅虎購物中心、博客來網路書店等均屬於。
- **B2B2C（Business to Business to Consumer）**：企業對企業再對上客戶的簡稱，意指電商平台服務提供商，提供完整線上開店服務，從金流到物流給予機制、功能上的協助，令其他企業得以到平台上開店，如PChome商店街、雅虎超級商城等均屬於。

- **SO.LO.MO.（Social、Location、Mobile）**：三者結合起來指透過社交、地點再結合行動裝置的行銷策略應用組合。

- **社群行銷**：透過社交媒體，進行各種不同行銷操作，可以讓網友留言、互動、發文的社交媒體，均可視作社群行銷的管道。

- **從眾效應（Bandwagon effect）**：當人們的注意力被某些事件、議題吸引後，會開始持續關注與追蹤。經一段時間被影響、被渲染，不論該事件或議題的真偽、對錯，人們片面給予支持，進而從裡面因群體之中其他人表達相同、類似的看法，間接獲得被肯定時稱之。

- **事件行銷（Event Marketing）**：藉由刻意設計能引起群眾注意的事件議題，其議題背後隱藏著濃濃行銷意圖，獲得龐大的社交與媒體關注，進而取得行銷期盼的結果。

- **流量出口媒體**：意指流量較大的媒體，透過銷售或廣告交換方式，導流至流量較小的媒體，這類大流量的媒體可視為流量出口的專門網站。

- **關鍵字廣告（AD keywords）**：廣告主可經由Google或是Yahoo購買關鍵字廣告，在用戶搜尋該關鍵字時，搜尋引擎會將廣告主購買該關鍵字所要導引過去的網站，藉由其搜尋結果排序在最前面，引導該用戶點擊，為廣告主帶入潛在的新用戶上門。

- **行銷路徑（Marketing Path）**：從一段口語化的行銷意圖，經結構化轉變為行銷腳本之後，會在該腳本中出現不同的路徑，每個路徑上都有節點。路徑猶如資訊流動的順序或過程，一如行銷也有其脈絡可循，要按照該脈絡才有辦法繼續往下個階段前進。

- **行銷腳本（Marketing Script）**：將一般日常生活中對談的用語，轉化成一套可以被拆解結構化的流程。要做好此事，則必須了解足夠的行銷工具與方法，才能將一段自然對話經拆解與重構，形成一套行銷腳本。如果一切都按照計畫執行，行銷腳本會是快速協助行銷人員規劃出行銷方案的最佳工具。

- **行銷節點**：指在設計出來的行銷路徑中，每位用戶或使用者會進入參與的步驟，其步驟之必要性與掌控性，均會影響行銷路徑在用戶前進的過程，及能否有效為該行銷帶來符合原先預期的結果。行銷節點如設計錯誤，可能會造成整個行銷路徑偏差，帶來無效的行銷成果。

- **社群效應**：因Facebook加速資訊傳播的速度，社群上爆紅、爆掉（狂賣）的商品或品牌很多，這些一夕間獲得大量關注的商品或品牌，全都因為在社交媒體上，人們大量快速的轉分享、再製重製議題，造成討論聲量之頻率與數量均大幅增加，再從媒體的報導與渲染，進而引起主流社群之外的其他人也被影響，這就稱為社群效應。

- **社交聲量（Social Volume）**：因人們可以自由在不同的社群媒體上留下各種內容，而這些內容都可能是人們關注的事物，於是在搜尋引擎的收錄之中，每當某些關鍵字被越多人寫在社交媒體上時，則能從搜尋之中找到越多該關鍵字的結果，該關鍵字的搜尋數量越大，表示其關鍵字在不同社交媒體之中的聲量就越大。

- **社群生態系（Social Eco-system）**：當使用者看到某則有趣的討論主題，分享到自己的Facebook或其他社群平台貼文中，恰巧該使用者的朋友看到也覺得有趣，選擇分享在自己的貼文裡，此時該則主題一層又一層的疊加擴散。

- **社交影響力（Social Influence）**：當一位常常在社交媒體上發文、發言的人被人關注、被人看到時，其內容被人接受、甚至喜愛，該則內容會有機會被其他正在關注的人分享到不同社交媒體中。該發文者所能接觸到的最大範圍，稱作社交影響力；影響力越大的人，其覆蓋或可接觸到的人數越多。

- **社交連結（Social Link）**：在社群之中，人與人之間均有著不同的連結，有強連結或弱連結。連結的強度，等同於人與人之間關係的緊密度與影響程度。越強的連結，人與人的關係越容易相互影響，也越容易由其中一方影響另一方，因此在社交連結中，會特別去聚焦在不同人之間，彼此連結強度的高低，藉以作為資訊傳遞時參考的依據。

- **網域名稱（Domain Name）**：每一個網站都需要一個門牌號碼，而網域名稱就是。例如Google，其網域名稱就是www.google.com。可供輕易辨識與了解的網址，令人們能夠輸入之後快速抵達。

- **社交文體**：將過度商業意圖濃厚的內容特別經過修飾，用較為口語化、軟性的語言重新寫過，甚至因應其發布之社交媒體特性，把其所經營之主題置入其中。如此網友要參與的意願不僅會比較高，被刪除的機率會低上不少。

- **資訊流向**：舉例來說，文章主要產出的來源為部落格，而網友搜尋了某個關鍵字找到該則文章，看到該則文章後發現有用，再將文章發布到臉書的貼文之中，其餘網友看到也認為有道理，又將此轉貼分享到自己的個人帳號裡。這一整串的資訊流動過程，就稱做資訊流向。

- **到達頁（Landing Page）**：含有特定或明確行銷目標意義的頁面，通常會將大多流量導到該頁面，此頁面統稱為到達頁。到達頁不會只有一頁，廣泛的說，導流到的某個頁面，都能視為到達頁，但如果有明確行銷目標，尤其又涉及轉換與成效時，該到達頁就會特別被拿出來檢視。

- **互洗**：要持續獲得好評價，通常在自然成長不如預期的狀況下，會採取申請新帳號的方式，給予原本經營的粉絲專頁正面評價或加粉絲。為了要達到目標，靠著申請多個帳號互洗評價、粉絲數是相對比較可控的方法。

- **口碑傳遞**：消費者或使用者，不論有沒有購買商品，在這社交媒體緊密連結的年代，人們會有意無意的分享各種看法，有些看法正面、有些負面，不同的看法會帶來不同的影響，這些人與人交錯影響效應，能被明定標記出個說法與立場，則可視為口碑。各種不同類型的口碑，在社交媒體上被四處遞送與發布，即是口碑傳遞。

- **社群商務**：在社交媒體中嵌入電子商務的機制，用電子商務呈現商品的樣貌，在社交媒體中出現，是這幾年越來越流行的做法。例如，在某論壇的某則貼文上，直接看到

「我要購買」的按鈕，點下去可直接到結帳頁面去，這可縮短消費者購買路徑的過程，置入至社交媒體之中，則可稱為社群商務。

- **病毒短影片**：靠著有趣、時事議題的梗，做些人們覺得好笑、好玩的短影片，引起人們大量轉分享。例如有越來越多的電影預告，會將虛幻世界中的場景與特色，帶到現實世界中來惡作劇，然後錄下人們被整的真實反應，再將其片段放到社交媒體中，人們看到如覺得好玩又有意思，下一步可能就會到處去轉發、轉分享。

- **最後願意成交（last mind）**：商品行銷方式百百種，透過社群導購最理想的方式則為人們搶著要，四處詢問商品哪邊買，而網路上雖能找到各類資訊，卻苦無入手的管道。隨著社交媒體上的討論越熱鬧，人們入手卻越難時，這種最後願意成交的心態，會不停積累至心中，直到最後釋放購買欲望，再購入後即會帶來巨大的消費體驗分享與擴散。

- **AIDMA**：1920年由廣告行銷專家山姆霍爾所提出來，因應廣告宣傳運作，進而洞察出來的消費者心理定律，藉由清楚精準的描述消費者接觸廣告時的過程，進而將其過程拆解為Attention（注意）、Interest（興趣）、Desire（渴求）、Memory（記憶）、Action（行動）五個重要階段。後來也成為多數行銷人通用的方法，甚至到2004年由電通因應網路與社交媒體普及，再發展出AISAS。

- **ORM網路聲譽管理（Online Reputation Management）**：線上公關已成為行銷領域的顯學，尤其品牌企業非常在意在網路上的評價。當品牌碰上負面評價，或是競爭對手刻意操作的負評時，都有可能影響到該品牌在消費者心中的認知與地位，甚至造成其銷售大幅減損。因此，時時藉由聲量監控工具，掌握網路上各大社交媒體的討論狀態，在面對負面議題時，可以好好的應對與處置，已成為品牌企業之於行銷的首要任務。

- **產品力（Product Competitiveness）**：產品在消費者心中已有一定程度的認知，並對於該產品具備的功能、能在日常生活中解決哪些問題、為消費者帶來哪些明確價值、能克服哪些特定清楚的消費痛點等，都很明確時，則具備足夠的產品力。在產品力不足的狀態下，供應商透過行銷，反覆教育消費者提高對該產品的認知，若需花很多心思與消費者溝通，並在多次溝通都無效時，則可視為該產品力不足。

- **市場認知**：商品進入消費市場之後，在消費者心中會有各自不同的認知。消費者對於商品依賴程度越高，商品普及機率可能就越高。普及率一高，商品自然在整個消費市場之中，讓消費者具備一定程度的認知與了解。這在銷售商品時，會是決定商品本身能否在消費者心中具有統一、一致的看法，也決定了消費者是否購買的關鍵。

- **受眾**：在一般行銷用語裡稱目標族群（Target Audience），但是在數位廣告的領域裡，較多人稱呼為受眾。其意義與目標族群接近，只是這名詞更接近那群要接受數位廣告的人們，因此才被稱為受眾。

- **廣告計價模式類型一覽表**

廣告計價模式	廣告計價說明
每千次曝光廣告成本 CPM：Cost Per Thousand Imps	單一廣告，在單一版位每一千次之曝光，廣告主所需支付的曝光成本。
每次點擊廣告成本 CPC：Cost Per Click	單一廣告，在單一版位，每一次被點擊之後，廣告主所需支付的點擊成本。
每筆名單取得成本 CPL：Cost Per Lead	經過一連串的曝光與點擊之後，使用最後到特定頁面輸入資料，其獲取該筆名單之成本。
每次觀看影片成本 CPV：Cost Per View	計價模式分成3秒、6秒、15秒以及不跳過的模式，其各別影片觀看之廣告成本。

每次深度接觸成本 CPE：Cost Per Engagement	通常用在版位大且有做分頁標籤的廣告，當使用者在該廣告按下分頁連結則計入該次接觸成本。
每次參與互動成本 CPA：Cost Per Action	使用者點入活動後，依活動要求完成任務，例如，抽獎或領優惠券等之投入互動成本。
每次安裝程式成本 CPI：Cost Per Install	使用者看到廣告後，點擊進入應用程式商店，並且下載該程式，廣告主所需支付之成本。
每筆轉介獲取成本 CPR：Cost Per Referral	使用者參與活動後，依活動設定需轉介紹其他朋友或用戶，其廣告主所需支付之成本。
每筆訂單獲取成本 CPS：Cost Per Sale	經由廣告點擊，並在到達頁上實際完成購買，廣告主則需因此付出相應之成本。
每次聆聽廣告成本 CPL：Cost Per Listen	在音樂與音樂播放間的破口，插入廣告後，其廣告主所需支付該廣告被播放之成本。

Part 1

想突破，先掌握趨勢變化

1.1 商業模式要突破，改變的是習慣

【從移動互聯網創新看台灣企業的機會】

開銳創富投資管理（KRF）總經理勞莘曾在演講中提及兩岸市場的不同。他提出一項重要觀點——「相同模式的公司，在台灣設立跟在大陸某一線、二線城市設立，哪間公司比較容易在納斯達克上市？」一句話，以非常強烈的力道破題。

他特別分享，台灣二千三百萬人分散在各個地方，相對主要城市的人口與經濟密度較為分散，相較於大陸，可能一個城市就聚集了一千五百萬人，如果純粹就密度來看，在哪個地方做會比較容易接觸到這些族群？

接著，他說到大陸市場的不同。全世界有Facebook、有Google，唯獨在大陸沒有。看大陸市場要有一個心理準備，那就是不論是什麼樣的服務，在大陸的經營方式與觀點絕對跟過去不一樣，盡量避免用國外的心態來看，反而要換個角度，用當地的人思維來做。

丟掉過去的包袱，以用戶為中心去思考這些人要什麼，如「大悅城」想要的是「開高級車的客戶」，所以他們從客

戶開車進停車場的瞬間，就有車牌記錄、車牌辨識、客戶追蹤、客戶管理等後端支援服務，賣場設計以這群客戶為導向，因此在衰退的零售賣場市場中，唯獨這間公司逆勢翻轉。

「產品要轉成模式，用戶應該體驗到的是服務模式。」

產品要能夠服務化，服務則要產品化。當產品在市場推出後，其產品本身所具備功能雖是消費者購入的理由，但要維繫與消費者長期的關係，則必須在銷售前、銷售時、銷售後，提供相應服務，令消費者感受到因為對某項產品有了興趣，在購買之前被客服人員好好並妥善的服務、解惑，且在購入之後得到應該甚至超值的服務。再者是專業服務，例如顧問、律師、財務投資等，透過知識的橋接，因應需求者的提問，給予諮詢服務才能完成工作，更應該將這類服務變成規格、模組化的產品，以賣產品的方式銷售服務，如此一來才能提高服務在銷售面對不同客戶群的溝通效益。

他提到另一個「做牛腩」的例子。這間公司才創立不到兩年，一樣募資到好幾個億的人民幣，是一間與網路服務完全沒關係的公司，但卻提供與網路服務公司一模一樣的服務——如VIP客戶經營、封閉測試、版本更新、用戶回饋、使用者介面與體驗優化等，從服務端到餐具的擺放與設計，專注每項細節，並不斷優化、改良產品，產品品項限制十二種，但每隔一段時間就改進，並在上線推出前，邀請VIP會員試吃，寫下想要的口味、食後感想，真正做到市場調查與研究。

再舉小米的例子，別人做的是當下的事情，雷軍做的是未來之事。他把未來的規格、價格、功能賣給現在的你。雷軍買下許多軟體公司、服務公司，用心經營各種社交渠道，大量收集網路聲音，同時要求公司高階主管到員工都得線上回饋，將用戶體驗做到最好。

「不讓用戶感受到難用的回饋權力，用戶就不會參與其中。讓用戶盡量參與其中，多多討論及互動，這樣用戶才會更支持自己曾經參與過的產品。」

再說到賈伯斯，他做了一件很正確的事情，大多數人買了設備後，跟設備商的關係就斷了，除了客服需求外，消費者與設備商之間沒有往來，但當你使用Apple的那天開始，你跟這家公司的關係也跟著開始，並且變得更緊密。

他又舉出一個例子，Nike近年來在大陸的銷售業績下滑很快，不只Nike，其他品牌也一樣，唯獨有個產品逆勢成長，就是Nike最原始也最根本的產品「跑步鞋」。

「Nike在每一雙鞋子裡都置入晶片（注1），整合Nike+，

1 2008 年 Nike 推出一款「Nike + Sensor」的產品，能提供消費者將該產品放在「路跑鞋」鞋墊下方的凹槽，但目前已經停產不提供。

將運動資訊上傳至網路，形成一個龐大的運動社交平台，而這一切就從買了一雙鞋子開始。人們在平台上互動交流，討論運動路線、分享特殊景色，最重要的是，這一切交流都從一雙鞋子出發，凝聚人氣。」

「從產品變成服務，從服務變成模式與體驗。」

「習慣，才是最大的敵人」一句話點出許多企業的商業模式問題。

改變習慣得從根本改變起，可能的話，甚至是**成立新公司、新事業，從全新人才、思維與觀點出發，才有機會跳脫限制框架，不會被包袱束縛**。

【數位行銷媒體佈局策略】

近年來各大企業投入數位行銷預算不斷增加，雖然在台灣其成長比例並未大躍進，對大多數企業而言，數位行銷已經是不能避免、避開的重要課題，然而習慣傳統行銷的品牌企業對數位行銷的理解與認知尚有一段差距，如何進入或策劃完整的數位行銷成為一件既不容易又不簡單的事。

以數位廣告來說，我發現有越來越多廣告預算從傳統媒體轉到數位媒體。究其原因，數位媒體的成效可見、可追蹤與計算，加以妥善操作，還可帶來客戶與營收。此外，面臨微利時代的來臨，妥善運用每一分行銷預算是非常重要之事。想要運用數位行銷，得先建立正確的觀念。

「凡數位行銷都可設定一個清楚的目標，包含訂單、客戶、行動、安裝等，只要了解目標為何，就能推估出各個數位媒體所能帶來的流量與點擊率、轉換數。」

「行銷，每一分預算都可以看到成效、看到每個意義。」

曾有中小企業主說數位行銷做了沒效，根本看不到做的效益。

行銷，不一定每個步驟能做到最有效的獲益。無論有沒有效，都可透過持續演進且越來越普及的技術平台，掌握許多重要資訊。比起傳統媒體，數位媒體能掌握的資訊或各類數據參考指標很多，不論是流量、流量來源、受眾、版位的點擊率等，有很多數據可以作為參考，甚至進一步作為日後行銷改善或規劃之用。

再者是，社群行銷已然是企業經營客戶關係的一大管道，在數位媒體當道的年代，企業思考數位行銷不應該侷限在某個領域或範圍。切記，數位行銷應用工具之多，對於不擅長操作的企業而言，急著運用反倒會成為包袱。企業或行銷從業人員應先了解媒體本質、受眾，再來評估自身有多少資源可運用。

由於行動裝置普及，除了平常使用者黏著在PC的時間外，其他零散片段的時間都被行動裝置占領，因此企業如何與使用者建立正確的關係非常重要，大多數使用者在使用APP或上網時都可能看到企業的相關資訊，企業網站有無先做過行動最適化、是否了解行動APP或服務都是PC的延伸、擴充應用，而非將PC上的所有功能全搬到行動裝置上。假設，企業想要把所有的服務搬到行動介面上呈現，反而會因服務、功能過多，使用者介面與使用體驗較難掌握，令使用者產生困擾，行銷效益也會大打折扣，企業應當理解**行動裝置之於用戶應「以用戶為中心導向，重視其體驗與感受」**。

「數位行銷無所不在，重點在強化溝通的過程。」

「數位行銷」在未來，必須格外聚焦於無所不在、普及率偏高的行動裝置上。特別是行動裝置上的各類應用服務，已大幅度占領用戶眼球，行動裝置將會全面性包覆使用者。在這過程中，廣告與內容的界線勢必變得更模糊，**企業應該思考不再只做廣告推播或曝光，反而應該讓使用者理解廣告可以是有營養、有收穫、有意義的內容**。數位行銷做的不是純粹資訊推播，而是更進一步做內容策展，對準不同的分眾族群，透過多元類型的數位媒體，即使是主題相同的訊息，也能讓使用者接收到各種不同面貌的內容，持續強化加深印象。

尤其，當人們已花費許多時間低著頭看行動裝置時，身為行銷人員能否理解、洞察人們當下使用的情境，以及使用目的及其關心焦點，找出企業和人們之間的關係是什麼，意即「人們正在關注哪些內容？內容是否和自家企業有所關聯？可以採取哪些行動接觸人們？才能令他們因內容聚焦而對企業、品牌留下印象，甚至回到電腦前，可進一步與我方建立更緊密的關係？」了解人心、人性、人情，實屬從事行銷一職相當重要之事。

千萬不要單純將數位媒體當成廣告推播平台，應可更深入思考媒體與企業之間，怎麼用內容溝通強化與目標族群之間的關係。雖然我們知道很多時候「購買廣告」就是為了要推播商品或是品牌資訊。但妥善經過思考，導入策略發展的意圖，設計出一套能夠向目標族群深度接觸，持續獲得反饋的「行銷腳本」，則可有效提高或增加與該族群之間的關係與黏性。

「數位行銷效果看得見嗎？」

有人問到：「做數位行銷好比把錢丟水裡，看不出任何效益。」

舉例來說，數位行銷好比是小石頭，拿起該小石頭往池塘裡丟，即便拋擲時力氣很大，能濺起的水花或許不多，但持續有目的、方向、條理、規則的丟擲，池塘裡的漣漪會慢慢變大，甚至在對時機點會建起不小的水花，可這得花上不少時間。或是，選擇丟顆超級大石頭，像數位廣告投放高額預算那般，奮力丟進池塘中，也會濺出非常大的水花。但問題是這樣的水花能持續多久，能不能長久下去，都是一門學問。**問題不在於花多少錢，而是怎麼花，花多久時間去花。**

數位行銷要看到成效，得持續觀察不同數位媒體的屬性與狀態。有的要花錢，有的不用，怎麼做全看自己手上掌握的數據資料夠不夠。採取任何行動前，先設定清楚的目的，佐以估算出來的相應數字目標，再來運用手上數據，考量實現過程中的各種方法，一步一步的去實踐，其成效才有辦法一點一滴被測試出來。

數位行銷未來重心將著重於「行動」與「社群」兩大領域。越來越多企業也認知到行銷訴求是否能經由社群，達成雙向溝通並建立關係的即時性。尤其**行動裝置扮演著橋接雙方的重要角色，因此行銷散播出去之內容可呈現的樣貌變得多元多樣，並富含各種創意或是充滿議題的「梗」**。無論文字、圖像、影片類型的內容，善加運用社交媒體擴散力量，將原先純粹談論產品功能與規格的制式內容，經由人性在社交上的催化與散播，轉由藉高品質的相應服務作為跳板，再把服務透過社群行銷發布觸及到每個角落，經不同角度描述，令使用者「真實」感受到服務的好與用心，行銷效益會逐漸明顯。

我們正面臨一個全球競爭化時代，能否用更符合時代潮流的思維來看待自身營運模式還有行銷策略，再藉由科技力量推動企業前進，這會是接下來所有經營者都無法避開的課題，唯有隨時保持著創新思考、革新想像，不斷的去挑戰原先熟悉的事物，將那些僵化、固化的習慣改變，企業方能看到一條全新不同的出路。

1.2 顛覆產業，廣告與數位媒體需更強而有力

幾年前，經營網路廣告技術公司時，有位朋友好奇問到：「聽說你們要做聯播網廣告，都殺成一片紅海，為何還想做？尤其廣告主對購買數位廣告的預算與成本越壓越低，很明顯無利可圖吧！」

我說：「不，我完全沒想過要做這種沒經濟價值，又順便打壓媒體發展的生意。」

「打壓媒體？什麼意思？聯播網怎麼打壓媒體了？」

【不做聳動議題，不做速食內容，就沒有流量？】

其實，不是聯播網打壓，而是市場長期發展之下，媒體流量價值越來越低，低到「秤斤論兩」賣，造成數位媒體無法透過廣告獲得應有的灌溉與滋潤，導致媒體面臨發展的兩難。不做聳動的議題，就沒有流量；不做速食的內容，也會沒有流量。

「只有把量撐大，基本母數夠大，廣告收入才能稍微提升。」

因為大部分的人都是靠著「湊量」的方式銷售數位廣告，把廣告曝光量湊大後，再把這些「廣告曝光量」轉賣給廣告主。

這麼說好像很抽象，換個方式說，台灣除了幾個知名的新聞媒體網站能靠著自營銷售部隊賣出像樣的廣告價格外，絕大部分有名氣、內容品質優良、獲閱聽眾支持的網站、媒體，每個月廣告收入過低，難以負擔正常營運開銷。

在此不特別點名是哪些知名媒體，因為他們「過得也很辛苦」。只有把量撐大，基本母數要夠大，廣告收入才能稍微提升。只不過，即使耗費心思將網站流量做大，還是無法支持整個團隊或組織的運作。

「我們是做內容的！不是賣廣告的！可是廣告賣成這樣，我們也不知道該不該繼續撐下去！」一位知名媒體網站的總經理這樣說。他很生氣，氣到以為是自己不爭氣，才會讓網站的流量價值低到連聘請一個員工的薪資都不夠。

我只能苦笑面對。廣告賣不出個像樣的價格，這是一件大家都得面對並意識到的事情。過去，你們放縱、你們偷懶、你們逃避，你們將營收的責任丟給外面的陌生人，像是國外的廣告平台機制；大家不大願意自己開發系統，而且太過依賴像是Google或是Facebook，少有廠商主動跳出來應戰。大家都在觀望整個市場，等到國外廠商開發出完整的廣告技術生態系之後，才開始有業者意會到這樣不行，價格都掌控在國外廣告平台業者手上，導致國內的廠商沒有談判空間。但不想要用也不行，因為沒有更好的廣告系統服務可以選擇，直到整個市場都爛掉後，才開始有公司陸陸續續推出自己研發的產品，但為時已晚，好比Facebook已占有台灣所有用戶的目光，直到所有人都用了，才有人開始高喊這樣就沒有台灣自有社交媒體存在的機會。這些平台業者，不會理解你們經營媒體的堅持、原則或使命，更不可能在乎該企業發展之長期願景。

所以，他們將你們辛辛苦苦經營出來的成果，以秤斤論兩的方式賣掉。你不能責怪他們，因為這也是一種生意模式，是你們過去認同所造成的結果。

先前我與國外媒體聯絡時，最常得到當地人的回應是：「我們絕不要發展成像台灣一樣，廣告售價過低，還要恨天高的成效，談什麼Performance Marketing（績效行銷），搞到最後沒人贏。廣告售價低，媒體能分得收入就少，媒體拿不到錢就難以持續運作，媒體不做我們就沒有廣告能夠賣！環環相扣，要大家都有得賺，生意才能繼續！」

【廣告播放量大，就能有成效嗎？】

客戶的廣告素材不好，沒有轉換；使用者上站時間不同，沒有轉換；被要求的KPI有問題，沒有轉換……，全部沒有轉換出成效，媒體進而被扣上沒有成效的大帽子。認真經營的內容，帶來的流量，全被當成無用垃圾浪費掉，而這一切可歸咎問題與成因太多，無論是什麼，媒體都得自己硬吞下來。

說得更明白點，台灣的數位廣告市場已經扭曲變形，其經營難度之高，已經不是一般中小企業能做之事，廣告含金量都被自己人拉低，過度削價競爭之下，低到不管誰來做都難以獲得像樣利潤。

換句話說，原本每千次廣告曝光可賣50元，但在市場過度密集又擁擠的競爭環境中，有些公司會喊出：「我們的成效很好，而且每千次廣告曝光僅需30元。」不論成效有沒有做到，總之，廣告主看到低價，信了這套說詞。

然後，問題越來越多，媒體經營內容的價值變得越來越低，因為從銷售廣告那一方，媒體能獲得的廣告分潤變少，內容做得無力，回報無法看見。沒有人是贏家，在台灣這彈丸大的市場，廣告低價銷售，流量拼湊著倒給廣告主，行業裡的全部人都是輸家。因為經營媒體內容的價值不被認同，無法提升，價格相對難以成長，最後只能做些無聊、乏味但能換取流量增長的內容，以量取勝，量不夠，就再想辦法一魚多吃，用著同樣主題做出不同內容，死命擠出量來賣。

為什麼「廣告曝光量」如此重要？因為，廣告銷售方的業務承諾要給客戶的曝光量與成效沒有達標，所以只好去拿更多的廣告曝光量來補，補到量夠了才停。

這所謂的量夠了是指「廣告曝光量必須大到難以想像的程度，經過用戶的點擊，再來至到達頁採取行動完成轉換，才有機會達到當初承諾客戶的預期成效。」

「廣告主通常會採取保守方案，確保既有產品能銷售的最大量。」

我曾聽過這種說法：「你看，別人一個點擊賣5元，我操作過後只要2元就好！多棒啊！」站在執行者的角度，這麼做絕對沒錯，可問題是絕大部分的廣告主看到「哇，原來你們2元一個點擊，別人要5元，那就給你做。只是原本預算是50萬元，照你這麼說，只要給25萬元就好了，其他錢省下來當作公司利潤，你們就用25萬元做出50萬元的效果吧！」

廣告主的心態沒有錯，畢竟能省，又何必加碼？也許有人會說：「有賺當然就加碼啊！這天經地義吧！」

「不，廣告主不會加碼！」

因為，廣告主的公司其執行單位，可負擔執行量無法承受瞬間兩倍、三倍，甚至是五倍的銷量成長。原本生產線與人力配置就是經過一段時間的評估，掌控在該公司日常營運可接受的狀況之中；臨時性的爆單、爆量，產線上的產能可能會跟不上，直接造成客訴或負評，對公司帶來負面印象。因此，廣告主通常會採取保守方案，確保既有產品能銷售的最大量，還要能控管好各種服務品質。

廣告預算只會越壓越低，因為「原本5元，現在2元就能做到。廣告主會去思考，精打細算之後，要求廣告購入成本嘗試往1.5元或1元逼近。」預算壓越低，廣告主的銷售獲利空間越高，妥善操作的話，還可以帶來高投資報酬率的成果。

【讓對的使用者接收到對的廣告】

這是媒體的責任？是代理商的責任？還是廣告主的責任？究竟是誰的責任？事實上難以向任何人咎責。是市場在發展過程中自然形塑出來的，導致當前市場的整體發展遇到許多瓶頸與限制。耗費苦心經營媒體，靠內容為主的經營者，曾試圖向用戶收取內容訂閱費用，結果卻導致媒體無法繼續營運。因為，一旦轉向訂閱收費模式，觀看內容的人數又會巨幅下降，甚至跌到原來的百分之一、千分之一，其付費用戶數能否用來支付日常管銷已是問題，再來犧牲掉廣告曝光量換取內容訂閱的營收，廣告營收等同大幅下降，兩者難以平衡，收入越趨稀薄。

因此，在絕大多數媒體尚未不到更有效的高獲利營收模式前，通常會選擇忍受、承擔現況與市場所帶來的無力感。

朋友說：「但你們在講的DSP、RTB之流，不就是網路廣告聯播網嗎？和Google、Facebook不都做一樣的事？最後還不是在賣廣告曝光量嗎？你們做這些事情的意義與價值又在哪？何必把自己講的多清高！」

不，我當時並不打算這麼做。當時經營公司，設計廣告商業模式的核心思想，是將所有的廣告核心回歸到「人」身上，重新思考怎麼將廣告價值與人連結。我只做一件事情——「**讓對的使用者接收到對的廣告，並可能產生出對的行為**」。

「多麼狂妄的想法。」一位朋友這麼說我。

「讓廣告不再只看『曝光量』，而可以在找出各安其位的生態圈。」

但如果要做的事，無法對整體數位產業發展有幫助，我沒興趣也不打算做。因此，幾經思考過後，我決定朝向這些可能性去嘗試：

1. 開放廣告平台，讓每一個廣告主都有機會上廣告平台監管自己的廣告，避免廣告量被有心人士造假。
2. 廣告觸及數位電子看板、數位電視裝置、行動裝置、車用導航裝置，令廣告的呈現型態變得多樣。
3. 承接傳統電視台的廣告，將電視台廣告轉而由數位廣告平台託播。
4. 獨家內容、獨門時段、獨特分眾，讓廣告可以進入清楚的市場區隔裡。
5. 內容獨占播放，播放位置從戶外的大電視牆到室內互動空間與鑲嵌式螢幕。

「Networking」是我在談的概念，當時合作夥伴包括各種眼睛可以看到的數位面板裝置均已緊鑼密鼓地在合作，再加上Beacon（注2）應用，我到4A（美國廣告代理商協會American Association of Advertising Agencies）廣告公司提案，討論各種數位廣告應用的發展，試圖讓廣告不再只看「量」，而可以在媒體、裝置、產品、內容、資訊及使用者

2 Beacon：一種小型的藍牙發射裝置，會持續發出一可供行動裝置接受的訊號。只要行動裝置上有對應的APP能解讀該訊號，可就解讀時因應需求啟動APP的相關服務或展現某項資訊、網頁等。

間，找出各安其位的生態圈，讓廣告創意的發生變得更直覺化、具意義，廣告主也能真正鎖定正確的目標受眾。

舉例來說：「他正在健身中心聽著音樂，然後看到眼前的健身器材螢幕出現運動飲料廣告，他輕點一下手機，飲料便送到身邊，還預約好晚上約會的餐廳，回家途中順便取得餐廳的優惠券。晚餐後，帶著女友在街頭逛街時，所有的戶外電視面板同時出現他向女友求婚的畫面，這時所有網友都在線上幫他加油打氣，欣賞他人生精采的瞬間。」

這樣的廣告，已經有客戶願意付出非常高昂的代價買下來作為重點活動，這項金額遠超過所有我知道的各大網站平均廣告購買價格。

這就是我當時在做的事情！希望能顛覆、改變網路廣告產業，令廣告與數位媒體發展出更強而有力的未來，所有投入者都能勞有所穫，得到心滿意足的未來。

1.3 企業告別電商平台，自建電商

【電商平台對供應商吸引力減弱】

隨著新電商平台出現，近年來電商平台間的競爭益趨激烈，無論新崛起的行動電商「蝦皮」，或經營已久的「PC Home商店街」，皆推出各種補貼措施，想方設法地吸引賣家進駐；但同時，也有許多企業（供應商）脫離電商平台，轉而建立自己的品牌電商官網，經營線上銷售。

過去，企業進入電子商務的服務平台選擇稀少，多半僅能和大型綜合電商平台合作，仰賴大型綜合電商所帶來的流量紅利為自己的線上銷售帶來業績；大型電商通路也因此較為強勢，會要求供應商配合各種條件規範，以及配合做活動、降價促銷、限量商品搭配贈送、全館統一打折衝業績等，以拉抬平台本身的業績需求。

但隨著線上銷售的各類服務增加，電商平台加諸於供應商的限制與不便，以及高比例的銷售額分潤，令供應商不得不開始思考如何降低對電商通路的依賴。

「『上架』不保證『銷售』，更不保證『獲利』。」

許多供應商以為只要將產品上架就等於線上銷售，事實上，綜合型電商平台僅積極扶植少數的主打商品，對於絕大多數的商品都不會積極進行後續的行銷，可以說大部分的商品幾乎都是「隨緣」銷售。

如果供應商要求加強通路行銷，平台的PM通常會建議以折扣促銷的方式來導流，頂多再做些組合搭配，透過更低的售價來吸引消費者目光。其實，電商平台提供的行銷活動並不能保證商品銷量，所吸引來的流量也歸屬平台，並不會增加供應商官網的流量，甚至連客戶名單也都掌握在平台手上，供應商根本無法與顧客直接接觸，遑論經營客戶關係，說到底，這些平台的行銷活動終究是無法持續有效地幫助供應商。

再者，大型通路商會向廠商抽成商品銷售額的25%到40%，若產品毛利率過低，供應商就不一定能獲利，甚至可能虧損。這些都是供應商應該了解的。

「僅少數大品牌、大供應商，能在電商平台穩定獲利。」

流量是電商平台營運的關鍵，因此具有導流作用的知名品牌、大型廠商，在面對電商通路時，自然有較大的議價能力，也能獲得較多的行銷資源。

然而，電商通路替供應商操作大型銷售活動時，通常都會要求廠商配合倉庫備貨，可是這些活動既不保證銷量，又要廠商負擔庫存成本，甚至包含逆物流成本（注3）都得算在供應商身上。也就是說，通常僅有大型獲利能力高的供應商才能夠承擔電商銷售活動的風險，並從中獲利。

「電商平台集客優勢不再，消費者目光多停留在社交媒體。」

過去，大型綜合電商平台因品牌知名度所建立出來的交易安全感，或提供送修、退換貨等服務，備受消費者信賴。但現今的消費者早已習慣游走於不同的平台或APP上消費購物，連Facebook的社團交易也都頗為頻繁，不會再因信賴某個電商通路品牌，只在特定的通路購物。因線上購物熱絡，消費者找到需要的商品時，只要商品符合消費者的期待，不論該商品銷售平台為何，消費者自然會購買，綜合型電商平台優勢不再。再加上，因行動裝置大幅普及，消費者目光多

3　逆物流成本：當消費者從電商平台購買的產品不滿意時，按照法規需要讓消費者可以無條件在七天內退貨，此時退貨時必須找物流廠商來收取貨物。物流廠商會像銷售商品的供應商收取該退回商品的物流費，一般統稱逆物流成本。

停留在社交媒體上，多數流量已被社交媒體占據，消費者花費許多時間觀看直播、影片、從事各類社交活動，大型綜合電商平台被大幅削減聚眾集客的能力，流量已被各大社交媒體、應用APP給瓜分掉。更具體一點的說，當消費者停留在Facebook的時間越久，不論是電商或媒體，均會被Facebook給影響。

【自建電商官網，取回經營自主權】

原生電商品牌，其銷售模式純粹以電商為主，不像其他零售業者可能具有經營實體通路的過去經驗，只從網路的領域中開始進行各類線上銷售活動。這些原生電商品牌，靠著對於線上消費者的熟悉與了解，懂得運用各種文案與圖像素材，有效勾起消費意願，能在消費者心中占有一席之地，可也因為大型綜合電商平台收取分潤高，導流難以自主，陸續掀起退出綜合電商通路的出走潮。除了受到新電商平台崛起、消費者上網習慣改變、社群媒體占據網路流量等因素影響，也反應出越來越多供應商希望重掌線上銷售的自主權。

「自行主導行銷、廣告活動。」

如今，廣告聯播網、Facebook廣告等數位行銷工具發展成熟，操作與執行均容易，只要善加運用，企業也能夠自行規劃更積極的行銷活動，為自己的電商網站導流，增加銷售。

不過，若企業的數位經驗與能力不足，則必須投入更多時間、成本來試錯與修正，才有辦法達到優化成效。如果企業缺乏電商實務經驗，又不擅長面對終端消費者市場，撞牆期又會更長，由於對操作數位廣告導流不熟悉，營收與成本支出的比例掌握不佳，營運初期的數位行銷費用甚至可能高達總成本的40%。

「在自建的官網，凸顯產品、品牌特色。」

將產品上架於自建的網站，就能避免在綜合電商平台上架時，必須和其他供應商的同類競品一起比拚，價格一目了然的窘境。

透過情境式的銷售圖像，搭配合宜的文案與圖片，企業可以打造獨特且貼近消費者體驗的購物情境，突顯自家產品與品牌的特色，但這也代表，企業必須自行規劃網站、設計結帳流程、維護網站內容等等。消費者的決策流程是否順暢，消費體驗是否良好，完全取決於企業本身的數位行銷能力。

「蒐集、掌握線上交易數據。」

現在，市面上不乏架站工具、開站平台軟體，這些工具大幅降低了自營電子商務的技術門檻。如果企業不願再配合通路備貨，或被拿走大多數的毛利，且希望將線上銷售的Know-how留在企業內部，自建電商官網或平台，是十分值得嘗試的方向。

透過自建電商官網或平台，企業可以蒐集客戶資料、交易、消費行為等數據，用於優化客戶關係管理（CRM：customer relationship management），提高回購率。藉由數據分析，也更能掌握產品的銷售情形，以及消費者購買的原因，例如：透過售後客服主動關心在站上購物的消費者，進一步了解客戶購買商品的理由或對於品牌與服務的期待，不僅可以作為日後提升服務品質的依據，還可成為後續改善產品發展的方向。此外，妥善利用客戶留下的Email，結合數位工具也能做到再次行銷，精準地對準已購物過的目標受眾，提高下次成交的機率。

至於預算有限或產品品項不多的企業，也可考慮製作設計較簡單、功能較基本的一頁式購物網站，來取代較複雜、營運成本較高的電商官網。

【電子商務與線上消費習慣的質變】

電子商務發展的這幾年間已出現巨大轉變，特別是社交媒體發展到極致，流量幾乎集中在社交媒體上，大型入口網站導流的優勢大失，透過搜尋引擎找尋商品的需求日趨增加。

「電子商務策略改變帶動消費者組成產生變化。」

過去，傳統電商要試探市場，可能會先嘗試在C2C賣場銷售商品，累積進出貨與服務客戶的經驗，待毛利能維持在一定水準後，再試著鋪貨至綜合型電商平台，增加品牌知名度，甚至拓點到不同的電商通路以擴大營收，比較各通路的營業額。但現在的數位原生電商不急於搶占大型綜合電商通路，而是先透過開店系統或自建平台，建立自身與市場的直接銷售關係，培養線上銷售經驗的同時，掌握客戶興趣、嗜好，甚至近一步收集到消費者的意圖與動向，了解並分析市場動態，再酌情尋找合適的高毛利商品，鋪貨到不同通路。兩者的銷售策略截然不同，消費者的組成也會因此產生一定程度的差異。

「線上購物習慣改變，直覺性購物取代目標性購物。」

今昔消費者線上購物的習慣也大不相同。以往，消費者是目標性購物導向，即直接進入電商平台搜尋符合需求的商品；但現在的消費者多在社群網站接收各類產品訊息，例如Facebook即能透過演算法分析消費者好惡，向一群有共通喜好的使用者推播可能符合他們需求的商品，間接觸發消費者的購物欲，甚至讓顧客省略了自尋商品的步驟，看到喜歡的商品就直接購買。

「搜尋商品評價與網友意見的次數勝過搜尋商品本身。」

相較於過去，現在的搜尋引擎則扮演了商品能否順利進入市場的關鍵。商品評價與網友看法會直接或間接影響消費者的購物意願，這類資訊還會進一步在社交媒體之間發散、發酵，同一件產品在不同的媒體平台之間呈現越來越多元、多樣的面貌，而不再侷限於供應商想要表達的樣貌。

上述的電子商務和線上消費行為的質變讓傳統大型綜合電商通路飽受衝擊，即使部分通路推出運費減免、開台直播等服務，仍有越來越多供應商選擇退出大型綜合電商平台，開始經營自己的電子商務。為了留下供應商與消費者、維持平台上的產品數及交易量，綜合型電商平台得不斷地下猛藥，採取補貼策略，例如透過免運費或是高額回饋金的方式，可是這麼做是否能為平台帶來生機尚不得知，卻得付出龐大的行銷成本，儼然已成為無可避免的資本戰。不過，反觀這波潮流，除了讓自營電商更加蓬勃，或許也能成為台灣B2C、B2B2C電商通路改變的契機。

1.4 為什麼企業需要數位行銷？

【企業與行銷公司的關係】

由於一般中小企業缺乏足夠的數位領域知識和經驗，網路新興媒體的快速變化與成長，令傳統媒體或廣告公司感到難以應付，無法輕易駕馭現今的網路媒體，特別是社交媒體的多角化增長，令觀眾與用戶產生大幅度的版塊位移。因此，當企業主想投資數位行銷時，傳統廣告、行銷類型的公司多會建議：「不！網路尚未成熟，仍有風險，其投資效益難以看到，無法與傳統媒體相比！」企業抗拒數位行銷，不願意放下身段學習新事物，直至千禧年初，這樣的觀念依然阻礙著國內數位行銷的發展。這也導致了當數位行銷逐漸成為主流時，企業與組織的轉型，面對數位成了一大難題與挑戰。

隨著市調公司每年報告提及數位廣告與行銷市場日漸增大，越來越多同行業者踏入數位行銷領域。傳統媒體與廣告公司開始明白，數位行銷勢在必行，不接受或擁抱數位，則可能面臨淘汰的命運。發展至今，才有許多數位整合行銷公司、數位行銷科技公司出現。然而，對企業來說也是一樣。

當時，企業雖對網路好奇，但多數企業不認為架設公司網站、刊登網路廣告是迫切且必要的，間接影響到企業在網路上的能見度，尤其人們越來越習慣在網路上查找資訊，企業與網路之間的關係相隔越遠，等於是直接將各種商業合作機會推掉。

網路影響人們日常越深，資訊技術突飛猛進，各種APP搶占用戶的目光與時間，行動裝置快速普及，社交媒體成了人們生活中一大要事，生活型態已重新洗牌且大幅轉變。現在的企業及創業者在公司成立後，得開始思考如何透過網站、社交媒體、搜尋結果等，曝光公司業務與產品，進而取得商業機會，這已成為目前每一間企業得面對的課題。

【企業與消費者的關係】

「企業必須學習由被動轉為主動的客戶關係。」

同樣掌握媒體、同樣倚賴媒體曝光資訊的力量來操作行銷策略，數位行銷公司與傳統行銷公司不同之處在於「透過掌握網路資訊、數據的多與寡，了解市場具體現況與狀態，進而得出消費者輪廓，可隨時做出相應對策」。消費者已習慣經由社交媒體，主動回饋關於品牌、商品與服務的了解與認識，留下各種心得、評價、看法，甚至是從中取得顧客意見。企業可獲得更加豐富與完整的反饋資訊，進一步與消費者直接互動。這些由網路而來的資料及數據，對企業來說相當難能可貴，妥善運用則可帶來突破性成長。企業主藉這類資訊，可經分析解讀後了解到：「原來消費者真正想要的是這些！」。

現代的行銷公司必須能夠利用網路協助企業，無時無刻進行產品曝光度的提升，以及品牌知名度、品牌價值的體現。

「企業必須更快速地解決問題以留住消費者。」

企業若按照傳統行銷公司建議——照舊將產品資訊包裝後，僅上架在數位媒體上推廣就算了事，著實浪費每一次可能獲得銷售的契機，最後錯失商機自取失敗。理想的方式應為行銷公司積極協助企業運用數位科技更快速解決問題，亦即透過數位媒體平台，令消費者對產品發生疑問時，得以有方法及管道溝通與回饋意見。**擅長使用數位媒體的公關公司會運用許多媒體溝通的手法，幫助企業博取消費者更多好感。**

【資訊服務與廣告行銷的結合——「SO.LO.MO.」數位行銷三大趨勢】

多數媒體網站的主要營收來自廣告。網路資訊公司發展快速，資訊技術日新月異，但對於廣告宣傳，資訊人員縱使熟悉數位行銷的資訊技術，卻不熟悉廣告行銷操作，他們需要相關經驗與知識，才能夠提供客戶確實的廣告行銷服務與策略。

「大型網路公司如何製作具有影響力的廣告內容，影響社會大眾？」

「網路平台提供的服務，如何被企業從陌生、接觸、接受、熟悉最後確實應用？」

從傳統行銷尚在摸索找尋消費者是誰，間接規劃出市場溝通策略時，轉眼間已快速演進到現代數位行銷能精準掌握消費族群之興趣與行為，直接發掘出消費者的心聲，提供消費者想要的商品或服務。特別是當我們看整個市場充滿著數位媒體必須與傳統的各種傳播媒體整合時，即意味著行銷趨勢不斷改變、迭代。因此可以看到YAHOO!奇摩併購火紅的無名小站、Google併購DoubleClick網路廣告公司、微軟併購美國平面廣告公司aQuantive等事件發生。

「SO.LO.MO.」數位行銷三大趨勢

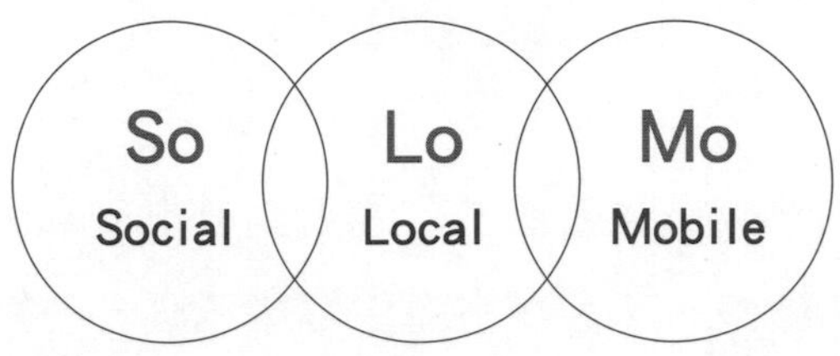

「從眾效應＋網路＝社群行銷。」

社群行銷目前是國內諸多企業趨之若鶩的數位媒體行銷的操作方式之一，利用社會心理學的從眾效應，加上網路資訊科技的便利性，輕易地將網路上的消費者凝聚在一起。

利用事件行銷能讓宣傳變得更加平易近人，但有趣的是，社群行銷所利用的社群媒體就是「媒體」的角色，縱使社群行銷已經讓很多不知情者樂在其中。

社群行銷所要努力的方向，是營造出社群的立場與態度，藉由群眾力量醞釀並擴散企業想傳達的資訊。企業無法真的利用金錢去操作「社群」，畢竟社群還是充滿許多自由意志，還有更多不可控的因素存於其中。行銷公司必須摸透的是如何「影響、感染」社群，了解社群中的人們所想看、想要的內容，再將產品資訊小心翼翼揉入其中，將整個行銷策略執行到影響人心的細膩度，拉高人們的接受與認同度，降低社群中人們不自覺產生的抗拒感，令企業的產品能用最自然、溫和的方式，接觸到消費者，在感動、開心的情緒之中買單。

「人們熱愛金錢所買不到的事物」自有其道理，人際溝通關係非常微妙，為什麼會產生聚眾效應，往往是因為出自「情感」，然而情感是再多金錢都無法滿足的，這也說明了社群媒體成了現在成為行銷的顯學之一。

將本求利，企業不該只用金錢收買人心，尤其行銷費用日漸增高，直接壓縮利潤空間可能帶來反效果。反之，企業該注重的是自身品牌、產品與服務，有哪些獨特的特質及優勢，足以打動潛在消費客層，以及經過行銷公司細心包裝、妥善規劃與社群媒體上人們互動的計畫，用最誠摯態度面對每一位熱切於網路活動、有血有肉的消費者。消費者不是螢幕背後的0與1，而是真正實實在在的人，把他們當真實的人看待，用帶有溫度與情感的語言內容來溝通，其效益必然值得期待。

「結合行動與社群，讓區域式行銷進化至新型態。」

在地化行銷原本是十分受限於區域的一種行銷方式，除非親至該地點，才能獲得資訊，但若能結合行動與社群行

銷，透過數位媒體，在地化行銷的資訊傳遞速度更加遠而深。經整合過的SO.LO.MO.行銷之後，吸引區域外的人們進入該地區進行消費，將觀光地區的景點資訊、特色餐廳主題餐點、旅遊民宿的行銷活動大量曝光，接觸到不同的客群，均能成為集客吸引人們上門的行銷元素。配合社會心理學所說的從眾效應，更能擴大在地化行銷的力量。

要做在地化行銷通常能藉由社群媒體增強人們對於事件的參與度，例如在全世界屢見不鮮的「快閃族」就是相當不錯的應用案例。事件操作前，只要在社群媒體平台上發布相關資訊，給人們個有趣、好玩、興奮的理由，甚至是特別包覆某個重要的議題，接著集中一群人在某個時間點、特定地點出現，讓每一位參與者可感受到濃濃情緒交換意圖，還有對於事件參與的認同感。該事件發生後所留下來的內容，有機會引起媒體報導曝光，或在社交媒體上渲染，贏得廣大的討論聲量，間接做到在地化行銷宣傳目的。實體店面的商品促銷也是同樣道理，製造排隊活動刺激消費，活動內容設計得有趣並吸引人，讓在地化行銷也能滿足單一族群的消費者。

「行動行銷的必然性，行動裝置不再是單純通訊工具。」

隨著智慧型手機應用軟體越來越多，協助使用者解決眾多生活問題，行動行銷也越來越熱門。在這股趨勢火紅起來之前，行動裝置其實已有一定規模用戶的市場，像是PDA、TABLE PC等觸控式行動裝置始終都有固定使用者。但多年來，行動行銷在行動裝置上一直未能有良好發揮，受限於螢幕技術、操作介面不夠人性化等因素，大多數應用軟體設計者無法體會行動裝置可以是數位行銷的延伸也是問題點。

除了無法跳脫技術領域的框架外，行動裝置本身的使用者體驗，在硬體還未到達人們能接受的成熟度之前，剛開始也不理想，行動裝置與消費者之間的關係，始終無法縮短距離感。

一項資訊技術能否令人們依賴且黏著使用，關鍵在於軟體服務應用開發經驗及硬體之間的各種技術整合，是否可以降低使用者的困擾或麻煩，硬體反應的速度能否跟上使用者期待，都是必須解決與克服的問題。早期軟體服務，多為硬體開發商自行設計，畢竟有硬體沒軟體，硬體也沒人要買。可這些專業工程人員的開發思維，限縮在技術研發之中，不了解市場不懂消費者體驗，無法站在使用者立場設計開發軟體。因此，早期的行動裝置只有商務人士或有特定需求的專業人士才會使用。打個比喻，如果網際網路停留在少部分人的使用需求上，沒有WWW.，少了擁有豐富內容的網站、軟體、資訊等，網際網路可能還只停留在一開始的軍事用途上。

行動裝置能開始普及是因為2007年iPhone誕生。當年這部僅手掌大小、擁有大螢幕且細膩的畫質，高解析度與極高使用流暢度，清晰易懂的介面設計與縝密的軟體操作邏輯，從各種角度極力滿足使用者體驗的行動裝置，在優越操作體驗之下，瞬間驚豔全世界。原來行動裝置能做到的遠比想像還要廣，蘋果令行動裝置不再是單純通訊工具，更是貼近人性、人心的智慧型手機。

iPhone內建的「APP Store」，提供完整免費的開發套件，讓使用者能自行開發應用軟體。同為使用者的軟體開發者，依照蘋果公司開發規範與要求，可快速設計出各種應用軟體，藉此立即感受到行動裝置軟硬整合的魅力，至此才為行動行銷奠定良好基礎，打開新的無限可能。因此，有許多軟體開發公司或使用者支持大量下載，短時間爆紅。隔沒多久，不同陣營、不同規格的智慧型手機紛紛上市，行動行銷將發光發熱。

智慧型手機經行動網絡接收大量網路來的資訊，如小型個人電腦一般，透過不同媒介能呈現不同形式的資訊。智慧型手機不單是載具，而是可以藉由使用者安裝的應用軟體，融合不同溝通策略，整合成一完整行動行銷模式。不僅透過應用軟體作為傳遞訊息之用，更因行動裝置本身特性，資訊傳遞能隨時、隨地進行雙向溝通，牢牢黏住使用者的眼球，換取最大資訊曝光之機會。

行銷公司意識到行動行銷能讓網路資訊傳播具個人化、分眾選擇之特色，能達到直接溝通的效果。包含眼球停留在資訊的時間增長，且具有一定程度高連結性，透過必要通訊行為，各種廣告溝通策略能夠持續有效的與使用者接觸。

「成功的讓不擅長操作電腦的族群轉移至行動裝置，才是商機關鍵。」

行動行銷其溝通效益之高，能帶來資訊即時的傳遞曝光，還可以觸發使用者因地採取行動，行動行銷將線上與線下變得無縫接軌，整合了使用者在通訊之外的各種生活行為，已有越來越多使用者，長時間依賴行動裝置做各種應用，像是購物、瀏覽網站、找尋資料、拍照分享、訊息溝通等，幾乎可取代傳統桌上型電腦。

有趣的是，許多不擅長使用電腦的人也能輕易使用智慧型手機，像是年長者開始用通訊軟體報平安，或是在智慧手機上追劇等。對企業來說不失為一個更棒的機會——不擅長操作電腦閱讀資訊的潛在消費族群，也能經由智慧型手機進行溝通，許多原本僅能在電腦上進行的網路行為，以大板塊位移的態勢轉移到智慧型手機之中，好比線上購物因行動裝置變得更加活化、活躍。另外，因社群媒體的高黏著性，吸引著使用者長時間在社交媒體上活動，無時無刻進行各種資訊的紀錄、分享、傳遞，妥善利用的話，社群上的內容擴散力將能延長行銷溝通效益至全天候二十四小時，緊緊在每一分每一秒與使用者相連再一起，為行動行銷帶來可見的龐大潛在商機。

1.5 如何留下使用者，讓他們對網站留連忘返？

【網站經營者從開站第一天，就在找流量】

從經營網站的第一天開始，流量問題就一直困擾著經營者，雖然坊間有許多關於網路行銷的書籍可以參考，但似乎大多數的經營者還是摸不著頭緒、找不到方法。

一般來說，想要有「流量進入網站」，相對就一定會有「流量出口媒體」，也就是自己網站沒有流量，理所當然地就是從「有流量的地方或有媒體效益之處」轉化及引導到自己的網站上，因此「引流」的動作與技巧非常重要。例如，當新開網站沒有人流，此時到Google購買關鍵字廣告，其關鍵字跟自家網站有很高關聯度，這在使用者搜尋該關鍵字時，則會在搜尋結果頁面排序在第一頁的最上方，引起該使用者注意，甚至進一步採取行動點入到網站之中。

談引流技巧之前，我們先搞清楚應該從「哪些地方引流」。舉例來說，假設今天一個知名入口網站與新聞台網站同樣登了某個網站的資訊、資料，這些網路媒體本身就匯聚了大量的注視度，其流量肯定相對高，在這些媒體看到資訊的人便可能會進一步循線瀏覽被報導的網站，該網站即取得流量（Traffic）。

「流量來源為自有媒體、付費媒體、回饋媒體」

流量來源包含直接流量（Direct）、推薦流量（Referral）、搜尋流量（Search），及廣告活動（AD）四種類型，主要來自三大媒體——自有媒體（Owned Media）、付費媒體（Paid Media）、回饋媒體（Earned Media）。導入流量有數不盡的方法可以選擇，但怎麼用、怎麼選才正確，就是箇中技巧與關鍵了。

流量來源的四種類型

流量類型	例子
直接流量（Direct）	ex. 使用者加入我的最愛後，日後想看則是直接用我的最愛連到網站
推薦流量（Referral）	ex. 網友將網站的某個連結貼在FB後，導引其他人來網站
搜尋流量（Search）	ex. 使用者將關鍵字鍵入搜尋引擎後，從搜尋結果排序頁連到網站
廣告活動（AD）	ex. 投放關鍵字廣告或廣告聯播，經由廣告進入網站

【導入流量的方法】

了解流量的來源之後，接下來要思考的就是怎樣透過不同的來源，將流量引導到自己的網站來。

有時，流量必須用買的，稱為「媒體購買」（Media Buy）或「關鍵字廣告」。當然，也不一定非花錢不可，但相對就必須花時間與精力，比方說經由社交媒體（Social Media）散播妥善設計過的資訊，透過文字、感受與互動將「觀看者」（受眾群）吸引到網站也是一種方法；後者花費的時間、人力、精力同樣也可以換算為成本支出。

有了來源後，也大概知道是什麼樣的面貌，接著就是針對這各個不同的來源去進行相關「媒體導流策劃」。

媒體導流策畫

受眾群特徵	· 受眾群出沒的媒體
受眾群輪廓	· 受眾群關注的議題
受眾群條件	· 受眾群群聚的地方
受眾群屬性	· 受眾群生活的習性
	· 受眾群聚集的理由

1. 定義出具體要溝通的目標對象
2. 盡量以分眾、精準的目標對象為主
3. 明確設定這群人是誰？平常做什麼？為何會看這類型內容？
4. 試著去收集這類型相關內容，並先跟目標對象做粗淺溝通
5. 透過問卷調查去了解目標對象是好方法

一如大多數行銷計畫的開頭都得先從明確的「目標對象」（Target Audience）開始，**流量是由每一個使用者點擊構成，而這些使用者是否符合網站的目標對象是關鍵要素，因為這會影響媒體的選擇**。製作媒體導流策劃的工作包括五項內容——Who、Why、What、Where、How。

製作媒體導流策畫的工作內容

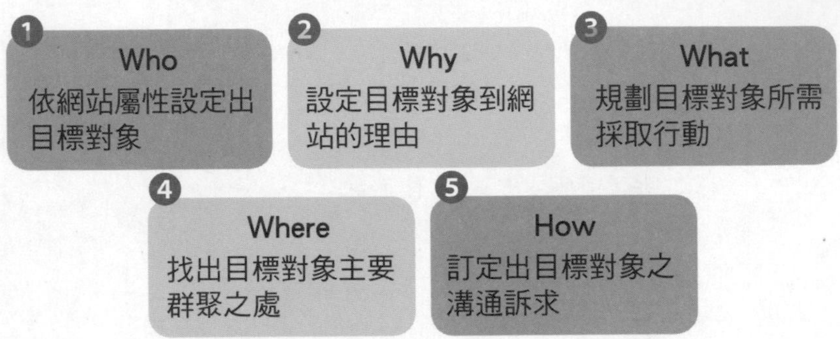

以發送電子報為例，得先了解哪些單位發的成效好、計費方式是什麼及預期成效如何。每個單位、每間公司所發送的對象都不一樣，因此得做「精準分眾」、「訴求分級」的動作，畢竟發信對象很多，若期望「開信率與轉換率」提高，就得在信件標題、信件內容、發信者姓名上做足功夫。

「要有效將流量導入進來，必須妥善設計整個行銷訴求。」

同理，為網站導入流量也有程序，從流量來源開始引流，好比經廣告聯播網上的各種不同廣告露出，吸引用戶點擊，而這點擊可能會因為廣告素材做得好或不好，影響其點擊進入網站的數量，通常可用點擊率解釋曝光數之於點擊數的相對關係。因此，要有效將流量導入進來，必須妥善去設計整個行銷溝通的訴求，將整體導流策略以結構性的方式設計出來，尤其流量來源不會只有單一廣告聯播網，還有其他像是搜尋結果優化、社群議題操作、關鍵字廣告、電子報等，每個導流都會耗費不少成本與時間。

網站導流量的程序

Tips1.確認流量的來源
Tips2.結構行銷的方法
Tips3.找出轉換的要素
Tips4.訂定到達的頁面
Tips5.設計溝通的內容

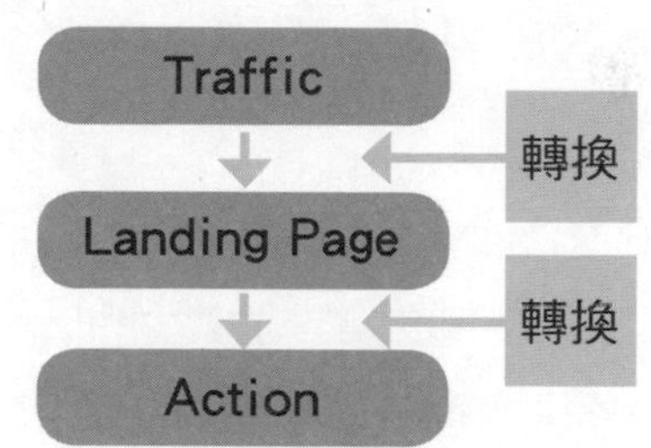

流量好不容易進來，但內容是否為用戶想看的很重要。如果不是，可能得來不易點入的訪客會輕易離開。所以從不同管道導入的訪客，要有對應符合的內容才不會用戶看了之後發現差異過大，導致浪費。細心設計到達頁的內容，不論從介面還是內容的配置，都要以用戶為中心，規劃其溝通過程是否對稱，整體介面的設計好不好用，版面上的內容可否一目瞭然。做對了，跳出率不僅會大幅降低，還可為之後期盼的行銷目標帶來相應的成果。

用戶願意停留，而每個行銷目的背後一定有個清楚目標。該目標是否能達成，端看到達頁上的規劃與內容能不能滿足用戶期待。可以的話，可促使用戶採取進一步的行動，像是註冊成為會員、加入購物車、結帳購買商品、填入個人資料等，為該次的用戶轉換帶來具體明確的效益。反之，如到達頁的內容過於混亂不清，想要展現的行銷意圖又過度模糊，可能會影響用戶採取行動的意願。

「按部就班規劃流量導入策略。」

規劃流量導入策略可分七個階段逐步進行。**在正式導入流量之前，一定要先清楚評估網站本身的流量承載能力，了解網站能夠同時容納多少使用者進來**，評估內容包含頻寬與硬體效能，務必確認硬體主機能否負荷預備導入的流量，如果沒有評估清楚，流量一湧入，網站恐怕就無法正常運作，不僅枉費用心，遺漏掉的每個機會的成本也非常驚人。

每個「Stage」要處理的事項都相當多，但隨著流量導入策略奏效，網站有能力導入足夠的流量之後，接下來才是最關鍵的，就是「網站整體內容、介面、動線優化」。

經營網站不要只問：「網站流量怎麼來？」流量很重要沒錯，沒有流量，網站跟不存在沒什麼兩樣，但好不容易將使用者吸引進來卻留不住是件非常可惜的事，因此，我們應該還要問：「**如何留下使用者？怎樣將之引導至一明確目標，令其流連忘返？**」

按部就班規劃流量導入策略

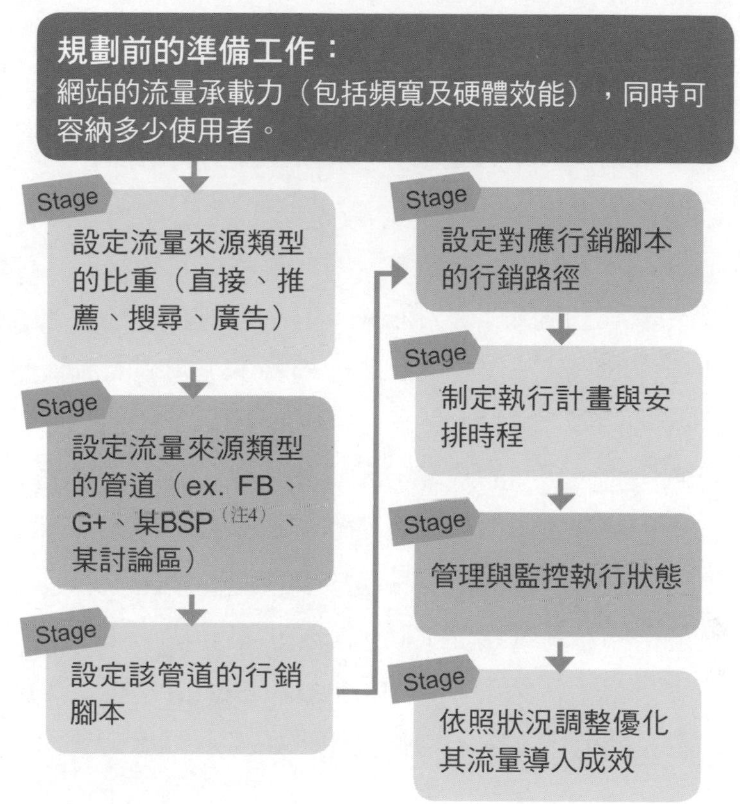

談到這個層面就不單只是如何為網站導入外部流量的問題了，而是要思考如何引導好流量、避開壞流量，以及入站後的內容策略、使用策略、體驗策略、回饋策略、服務策略

4 Blog Service Provider，部落格服務提供者，提供給用戶可以申請使用的部落格平台。

等。網站想要經營出好成績，需要考慮的構面非常多，每個構面都跟行銷脫不了關係，這裡面又是一套接著一套的路徑、流程、反饋與修正。

「依照流量類型設定行銷腳本串起成功的行銷路徑。」

不論要操作或引入何種類型的流量，都有對應的「行銷腳本」，腳本怎麼設計因人而異，但不會只有一套，通常會有很多套腳本同時運作，所有的行銷腳本串起來的流程便是「行銷路徑」。

若流量進到網站的狀況不理想，必須會將這一套又一套的「行銷腳本」翻出來，然後進入每個「行銷路徑」裡的「行銷節點」進行細部檢查、檢核，找出問題後，看是要調整路徑還是節點，依狀況不同，方法也不一樣。

簡單來說，**行銷腳本（Marketing Script）設計其實就是將需求具體的用文字結構化表達**。如下圖所示。

行銷腳本流程

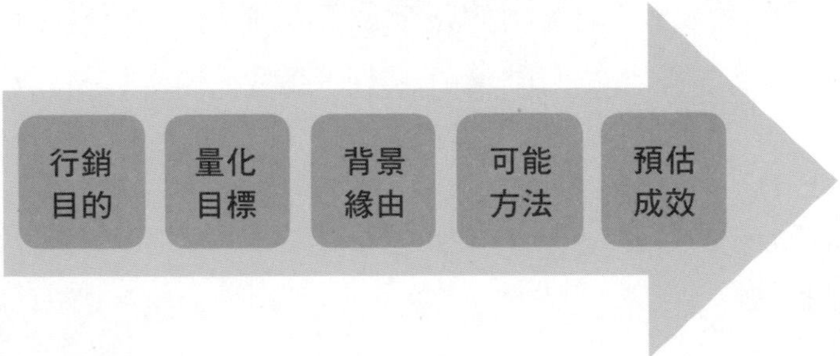

行銷目的 → 量化目標 → 背景緣由 → 可能方法 → 預估成效

理解了基本的「行銷腳本」概念，再回頭看所謂的流量來源。如下頁例子，當經營者已經打算用不正當的手法去「綁架瀏覽器首頁」，流量來源通常也會選擇較「重口味」者，亦即那些不符合社會主流價值觀的網站，比方說影片、音樂、軟體、情色等檔案下載類型的網站。換句話說，策劃行銷腳本時，採取的作法會影響流量來源的選擇。

什麼是行銷路徑？

例子 某業者期望透過「關鍵字廣告行銷」，將流量引導到某頁面，該頁面上讓網友填入「個人資料」。

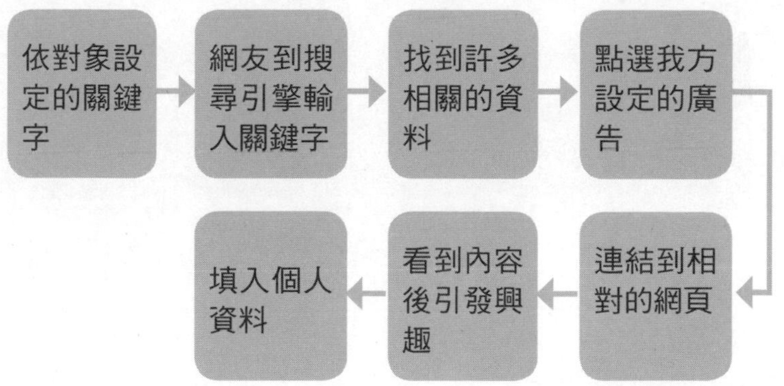

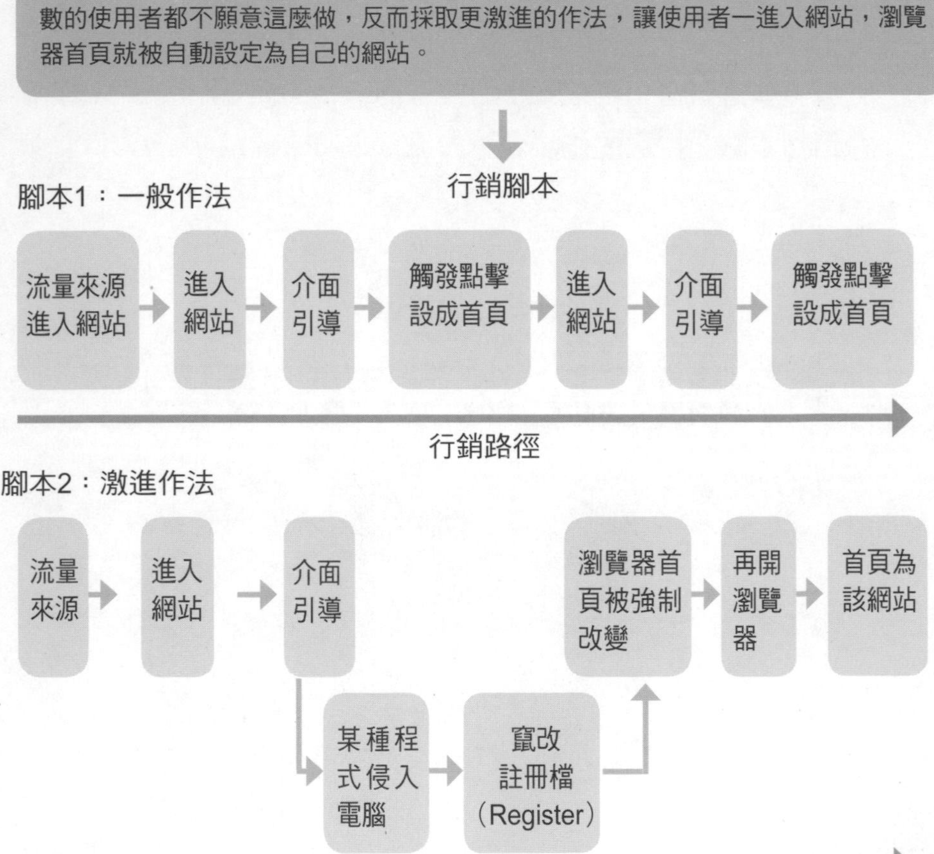

這流程的描述就是所謂的「行銷路徑」（Marketing Path），而這段描述則是行銷腳本中的一種情境（Scenario）。

1.6 想集客，得會善用各種社交工具

【簡單又複雜的數位銷售模式】

數位集客力已成為現代經營企業的顯學，許多公司現在徵募的不是業務人員，而是廣告熟手或行銷操盤手，這些人只要窩在電腦前，做做服務或寫寫文案就能帶來數百張，甚至數千張的訂單。

過去，做銷售的前提是要看到、碰到、親身接觸到客戶，努力吸引他的注意並討好他，讓他感受到你的誠意，然後選擇。但時至今日，雖然看不到、摸不到客戶，可是他們卻實實在在在的存在於網路中、社交圈裡，隨時在你身邊，也許他想買什麼不會告訴你，卻可能透過手機在Facebook上「許願」，譬如PO出「想要一支iPhone X」的文字，將消費意向透露出來。進入數位時代讓銷售變得既簡單又複雜。

以前必須靠著持續拜訪客戶，與客戶交流最新資訊，甚至提供資料給對方，才能讓客戶產生信任，可是現在不管是你或客戶都不需要出門，那該怎麼做業務呢？如何讓人家知道你呢？

有時候銷售的對象並不是你直接面對的那個人，而是背

後你沒看到的那個人，所以我們要懂得經營自己擅長的主題，不斷深耕熟悉的領域，做開心的事很重要，當你的文字、內容、主題出自於真正擅長及在乎、重視的，人們便會因為好內容而讓內容自動擴散，有了擴散，你就會開始受到關注。

【做好行銷，才能做到集客】

所有的數位行銷運用都來自於知道怎麼集客，銷售前要具備集客的能力，這個能力來自於在社群上變現，也就是社群上銷售（社群行銷），所以先做好行銷，才能做到集客。

行銷與銷售的差異在於銷售是點對點的，行銷卻是面對面的。舉例來說，業務人員外出拜訪客戶，一次只能跟一位或一小群客戶溝通，但行銷則不同，行銷是透過媒體或具有影響力的管道，將銷售訊息一次性的大量發布到各個角落，在不同時間、地點、狀態接觸到潛在欲溝通的目標族群。最好的銷售是引導、吸引對方來找你，這樣才能有效並快速變現。數位行銷與銷售有直接的關係，數位行銷要能引起大家的注意力，希望人們因為你的專業而集合起來，就必須做一些事，譬如針對自己的專業設計內容、經營主題。

想要經營客戶前，要先經營出自己該有的態度，建立自身在數位世界的品牌鑑別度。有些人覺得寫文、拍照、持之以恆地產生內容，以及不斷地發布、製造聲量，讓更多人認識自己是既辛苦又麻煩的事情。但卻又喜歡在網路上發廢文，而不覺得無聊，與其這樣，不如就盡量發一些有料、有意義、有內容、會讓受客戶關注的「廢文」吧，這樣做就已經在行銷自己，潛移默化之間成為個人品牌，在別人心中留下一定程度的影響力。

「『行銷自己』是奠定自己在擅長領域之品牌影響力的關鍵。」

個人品牌經營很重要，你在別人心中的鑑別度是什麼？如果你擁有自己的鑑別度，別人又了解你、信任你時，你期望做到的銷售就會發生。

其實，**很多銷售工作的關鍵目標是增加回購，與老客戶維持良好而密切的關係，持續在客戶之間擴散出好口碑，奠定服務優良的基礎，而非不斷投入高成本開發新客戶**。所以，個人品牌經營真的很重要，尤其在知識經濟時代，要做好個人品牌就是要產出有料、有意義的內容，讓人們真正地認識你、了解你，並且願意接近你，主動找你，如此業績成交率才會提高。

個人品牌的社群經營效益

奠定自身專業領域的鑑別度	+	個人專業影響力及信任度	+	獲取該主題社群的集客力	+	接觸潛在客戶贏得銷售機會	+	在該族群有緊密強連結關係

【善用各類的社交工具來獲取最大銷售機會】

數位集客重點來自於在銷售前，得先用心經營好內容，利用能吸引目光的內容把人「集」進來，才有辦法做後面的服務，進而才帶到銷售變現。客戶從未消失過，但他們現在駐足的地方已和過去不同，現在的消費者習性已經從過去的面對面接觸，變成必須先透過內容引起對方注意，然後他會採取行動去搜尋，搜尋之後發現確實有料又符合預期，並且商品也剛好可以滿足他，才會想要進一步認識你，或展開更深刻的關係。

社群或主題會把人集合起來，在群體之中，產生各式各樣互動。現在的行銷或銷售比起過去更具有目的導向性，尤其消費行為和過去很不同，其需求導向很清楚，消費者很清楚自己想要什麼，身為產品提供者或是行銷、銷售人員，不需特別煩惱消費者在哪裡，反倒應該聚焦在怎麼樣在眾多同類的商品之中，獲得消費者的青睞。

銷售的本質已快速改變，你還在面對庫存的壓力、商品到期期限的問題嗎？如果是，表示你還不清楚消費者的面貌及輪廓，特別是在細分族群之後，有些消費者願意低價購入一些即將到期的產品，而這些人可能正在PTT的某個版上討論相關話題，或是藉由Facebook社團的團購，將不同的商品帶入到不足需求的族群之中，用對的話語跟他們溝通，採取積極行動與他們在社交媒體上打成一片，自然也能有機會將庫存銷售一空。

數位行銷與銷售，只會越來越快地顛覆各個領域對銷售的認知，行動裝置的便利性讓銷售變得越來越簡單、直覺。但銷售仍需人與人之間的服務與溫度，才能夠體現其價值，所以更應該好好在網路上經營個人品牌，對消費者展現自我價值，讓他願意購物消費，能帶給消費者買到即賺到的感覺，通常是在產品與服務之間取得平衡，甚至高額溢出的服務規格，令消費者感到貼心、動心，日後要再往來的機會則會大幅增加。

經營個人品牌，創造出服務客戶的價值，在對方眼中樹立明確的鑑別度，這是個很重要的過程，可以透過Line、YouTube、Facebook直播等來做，如果你沒有時間寫文章或文筆不好，也可以把跟客戶介紹商品的過程錄影成教學影片直接展示。**數位工具最厲害之處在於能夠讓你被看見**。

【擅用各類社交工具獲取最大銷售機會】

我認為現在做業務工作變得更容易，有許多數位工具可以協助業務工作進行，譬如以前要經營老客戶，就得經常拜訪，親自去關心他、接觸他，但現在透過數位工具能做的事情更多，在手機裡、社群上，就能透過文字、服務，讓客戶感受到你的熱忱。

適合點對點行銷的數位工具

包括line、line@、自發電子報等。

line一對一加入好友的特性，很適合長期經營直客。分享的過程看似擴散，事實上便是在做集客。

line@則很適合做銷售，及不斷加深溝通頻率的數位工具，群組式的分群、分級、分類經營的特色，有助於銷售後提高對方的好感度，增加好口碑，提高訂單成交率。

定時定期發送**電子報**，提供客戶最新動態與內容，將日常生活中所重視、所在乎的及平常做得還不錯的東西分享出去，可與對方建立密切的消費關係。但千萬不要發那種「現在XX特價」加上大大的圖的電子報，最好是在信件的標題上就指名發給誰，寫上「你好，好久不見，我有一個最新的東西想跟你討論或請教」，單純以朋友的角度去問候或關心客戶，讓對方感覺到這不是軟體機器人或廣告信件代發公司，這是專門為我而發的信件。絕對不要隨便寫「我有一個好東西」、「好棒的東西」或「好棒棒的東西」、「棒到了不起的東西想跟你分享」，通常人們一看到這樣的標題就會馬上刪掉。

適合情境式銷售的數位工具

包括**YouTube、Instagram（簡稱IG）、APP**等，如果想進入年輕人的市場，經營IG很重要，因為大部分的年輕人都在上面。在經營IG上，其溝通的內容全部以照片為主，所以照片呈現出來的故事與情境格外重要。一張能在IG上引起大家關注的照片，通常主題很鮮明，而且持續的因應追蹤者的好惡，不斷產出相似主題的照片，可為自身的影響力持續累積、堆砌，而懂得用@來回應朋友，將互動拉高，也是一門很重要的技巧。

適合內容式置入的數位工具

包括部落格、論壇、BBS、Facebook社團等。

部落格透過教學內容、心得分享、體驗感受，可以傳達具體的商品資訊及使用方法等給客戶。尤其現在使用討論區的人還是很多，大家喜歡在認同的話題之中，不斷蓋大樓。樓越蓋越多，代表瀏覽數就越高，越高瀏覽數就越有機會被分享到討論區之外。如該則討論是某項商品的開箱、心得等，等於是為該商品帶來非常龐大的曝光機會。

在**論壇**上，透過與網友討論話題、互動、發表精華好文，可營造個人社交地位。同時，累積出好的社交名聲，特別是人們花時間在討論區裡互動，找尋跟自己有關的話題，願意花費較多時間與心思閱讀。如能在內容上多花費苦心，多寫些人們愛看、愛討論、愛參與的內容時，不僅能為自己帶來一些影響力，還能為該主題下的社群，帶來一定程度的渲染效果。

BBS包含地區性看板、生活性質看板，可以與消費者或網友分享情報，發些商品特賣的訊息。PTT是台灣BBS第一大站，有著非常多的用戶，而這些用戶黏著在PTT裡的各個版都相當長時間，甚至連上站次數都能成為鄉民們膜拜的重點。因此，好好的在PTT裡面經營個人帳號，去閱讀人們平常在想些什麼、要些什麼、談些什麼，都能作為日後行銷操作或應用的燃料。有一點要特別注意，如果行銷做的太刻意，在PTT裡面反倒會招致非常嚴重的反效果，不得不慎。

透過**Facebook社團**則可以直接做導購，或分享自製內容。好比現在很多的團主、團媽、團爸等，有的是家庭主婦、有的是失業勞工、有的則是企業。這些人在自己經營的社團之中，做出屬於自己的風格，甚至培養出一群固定參與並追蹤的族群。妥善運用的話，在社團中要開團做導購，反倒容易一呼百應，特別是還可以針對自家社團裡的團員，直接詢問他們想要的商品，反過頭來為他們的需求找尋商品，迎合消費需求，直接先擁訂單再來下單，可說是目前非常流行的社群導購方式。

【數位工具的使用技巧】

line@

每日發送訊息，表示關心，同時也是刷存在感，但是不要密集，尤其銷售文偶爾發就好，最好是隔個兩、三天才發一次。如果發送兩、三次，對方都沒反應，就要調整發送頻率。切記，Line@加入的族群都是非常精確、明確的人，他們會願意拿起手機掃QR Code，表示真的對該主題或服務有興趣，所以要能夠適時投其所好，多些關心與互動，或是偶爾送送好康與好料，都能夠定期的喚起他們注意，進而為日後的銷售帶來潛在機會。

有用、有料的訊息才會有人看，盡量分享好想法。有訊息、有問題，盡快回覆，多多互動才能贏得好感。

YouTube

在YouTube上，最重要的是怎麼被目標族群找到自己精心拍攝的影片，同時藉由同類性質的影片推薦，提高其影片的瀏覽數是關鍵。雖然你的影片具有專業性、心得深刻、主題明確而實用，但要如何讓人們找到該影片呢？好的YouTube影片，其共通特性就是命名標題、標籤、說明都很清楚，最好還能因應時事議題將有關聯的關鍵字帶上，才能在YouTube或Google之中，輕易地被找到。

此外，影片的標籤、說明等都明確，才容易與其他影片產生關聯，透過彼此間的關聯，讓流量大的影片把流量帶到自己的影片上。

YouTube的製作技巧

- 拍些跟自己專業有關的心得、實用影片
- 拍攝的主題要明確，準備簡易拍攝腳本
- 不擅長看鏡頭時，可在攝影機旁擺頭像
- 光源很重要，盡量在光源足夠的狀況拍
- 拍攝標題、影片描述內容要清楚才好找

Facebook

如要在Facebook上直播，一定要提早預告，以免消費者錯過直播上線的時間，根據我的經驗，最多人、最適合做直播的時間是晚上九到十一點間。直播過程中，互動很重要，要多喊網友名稱拉近距離，可以找些好朋友當樁腳，在直播時多衝留言互動，能夠維持著同時在線人數，並且懂得適時的點名要網友分享直播影片出去，可以再增加觀看的人數。

直播內容可以偶爾搭配點專業內容再來置入，適度將商業意圖釋放出來，也能看看每一個參與直播的人會有什麼樣的反應。

另外，做銷售直播時，要放些特惠品來吸引人氣。如果觀察中國大陸的網紅，會發現許多紅翻的網紅都會發紅包，其實做業務也可以發紅包，就是發送優惠券，消費者拿了，就有機會做轉換、做銷售。如可以在Facebook的留言底下貼優惠券圖片，讓消費者在購買時提供自己的帳號並回貼優惠券圖片，即可直接折扣費用。

數位工具適合應用的銷售階段

銷售前	銷售中	銷售後
部落格 論壇	Line YouTube	Line

數位工具不是只具有使用面向，而是一種可解決各種環節或過程中接取或強化關係的橋樑，原本就是大家每天都要使用的東西，可以幫助我們更方便與客戶聊聊、交朋友，並能趁著交朋友的同時順便做點業務。

不要看到上述提到的行銷工具項目這麼多就慌張，並不是每項都要使用到，只要從中選擇合適的工具，從自己擅長的題目開始拍一、兩支影片，看看人們是否感受到自己想表達的熱情、想介紹的商品特色、想表達的賣點，再逐步調整方向與表現方式就可以了。

Part 2

十步驟弄懂Facebook粉絲專頁

2.1 想設立粉絲專頁要如何開始？

【經營粉絲專頁必須要有明確的目的】

常有朋友問到：「粉絲專頁從無到有，該怎麼做會比較好？」我個人的建議是，重點不只是怎麼做會比較好，而是「要做哪些對的事情」（Do the right things）才能把粉絲專頁「經營」好。

每個人對「好」的定義不同，有人以為粉絲數多就好、有人則認為正在討論的人要多比較好，有人則覺得需要做到社群導購有成效才是好。每個人對於粉絲專頁的期待雖然不同，但在決定什麼是好之前，得先搞清楚粉絲專頁要怎麼開始、該怎麼走下去，會是我認為最重要的一件事。

從無到有將一個粉絲專頁建立起來，有許多步驟需要去重視與關注，懂得將每個環節扣好，日後在經營上有了正確觀念，相對效益也比較容易去評估與分析，而不會陷入那種做著做著，突然產生「到底做了有什麼效？」「為何而作？」的疑惑。

所以，粉絲專頁的設立，我分成以下這十個步驟：

Step 1. 設立階段目標

Step 2. 正確的基本觀

Step 3. 經營相關重點

Step 4. 設定正確主題

Step 5. 重視專頁命名

Step 6. 設計鮮明議題

Step 7. 用心製作內容

Step 8. 安排發文時程

Step 9. 關注發後動向

Step 10. 互動炒熱氣氛

這十個步驟是依照我自己的經驗歸納而來，尤其是現在粉絲專頁的進入門檻過低，每一個人、企業、組織或團體都可以擁有粉絲專頁，導致很多人想要經營，卻從設立開始就忽略許多細節，當日後面對實際經營的挑戰而無法應對與改變時，悲觀一點的經營者即會想要放棄，非常可惜。萬事起頭難，一開始就把最難的工作搞定，日後要進行下去也會比較容易。

【Step 1. 設立階段目標】

經營粉絲專頁必然有其目的，不論是什麼目的，背後一定會有一組目標，在做之前先知道自己的目標是什麼，才不會在後期做的時候越做越沒有方向，甚至是做著做著找不到為什麼要經營粉絲專頁的理由。首先，理解一個現實，純粹追求數字目標並非是粉絲專頁設置之目的，**雖然有人把粉絲專頁當成是一個強勢個人媒體來看，只是這個媒體的主導權大多還是在Facebook這間公司，拿來當媒體看也許短期可以，但長期就不是那麼妥當，特別當這公司的政策說變就變，有可能一夕之間粉絲專頁突然一文不值也說不定**。

a. 短期目標——凝聚最強化

一開始，因為粉絲專頁的內容還不完善，所以能夠引來的粉絲並不一定多。可是，我總認為，在你粉絲專頁的內容都沒有什麼可看性時，有一群粉絲願意加入並且投入互動，那表示他們對這粉絲專頁真的很有愛，因此，身為經營者一定妥善的愛護他們，讓他們變成這粉絲專頁最基本的支持盤。

好的內容就是踏出好的第一步，能夠一開始就用那些吸引人的內容加入，藉由大量的點讚、分享來擴散一開始優質的內容，必然能對日後粉絲專頁所加入的粉絲基本盤帶來好的開始。

用內容凝聚粉絲的向心力，好的內容不僅能夠強化粉絲專頁在粉絲心中的印象，慢慢的讓粉絲們因為認同，逐漸變成粉絲專頁的傳道士，由他們來幫粉絲專頁說話，那是一種喜歡、愛上才會有的舉動，善加對待粉絲，粉絲們也會投以相對的回報到粉絲專頁上，一來一往之間形成強大凝聚力，彼此互相羈絆、相互需要，粉絲專頁經營之路方能走得又長又久。

b. 中期目標——擴散最大化

當粉絲專頁經營一段時間，持續產出優質的內容，不斷吸引粉絲的目光，此時必然得在好的內容上投入更多功夫，為了不辜負所花費的心思，在粉絲專頁的經營目標上，開始得走向追求擴散最大化之路，所謂的擴散最大化就是指每一則發布內容都可以被粉絲大量分享、點讚與留言。這一點很重要，只有粉絲願意大量擴散，才能觸及到最多的潛在使用者，接觸到的層面越廣，相對找到喜歡粉絲專頁的人也會增加，粉絲數有所正向提昇，對於粉絲專頁的經營者來講那是一種正面鼓勵。

粉絲數隨著內容獲得外界越多的賞識，取得分享、點讚的比例變高，其擴散之效益也會逐日變大。不盲目的追求數字成長，而是追求粉絲們加入後真正的認同，那些認同會因為擴散效益不斷增加，進入一種經營正向循環，循環持續運轉，帶來以及轉出更多力量，粉絲專頁會令更多的人看到。

c. 長期目標——導購最佳化

非必要性目標，但一個好的粉絲專頁長期經營下來，必然具有一定的媒體效益，這所謂媒體效益就是「有較多的使用者關注以及互動」。妥善運用這些媒體效益，結合粉絲專頁的主題內容，製作一些「原生廣告內容」，提供適合粉絲族群屬性的商品，藉由有趣、生動又專業的內容，引起粉絲的興趣，進而觸發粉絲想要購買的欲望，這會是經營粉絲專頁時更為具體的轉換指標。

是不是一定要走入導購，我認為並非必要，而是看每個粉絲專頁的屬性為何，在長期目標的設定上，有些粉絲專頁是設定線上客戶服務高滿意度，再不然就是發布公告資訊可以準時、快速的傳遞出去給外界知道，那都會因為粉絲專頁設定主題之不同而有所差異。

【Step 2. 正確的基本觀】

做任何事情，先建立正確、明確的基本觀念，使用工具也得知道這工具為什麼存在，以及要怎麼看待這工具的心態會較為正確。粉絲專頁比起現在其他的社交媒體平台產生的效益相對較大，主因不外乎就是使用者偏多，另外，Facebook的特性讓資訊傳遞的速度與效益越來越強大，大到覆蓋掉許多網路的角落，人們在這平台上不僅只是建立社交關係，甚至還將其當成自己的廣播平台，分享著各式各樣的個人觀點與看法。

a. 先認清楚Facebook的特性是什麼

Facebook是一套線上社交服務（Web Service），其核心主軸在於「社交互動」。透過人們分享自己平常生活中的記錄、觀點與看法，或是拍下漂亮、精采的照片，甚至是藉由「打卡」（Check-In）來展現自己的生活態度、品質及特色，這些各式各樣的資訊串流在一起，成為多數人都迷上的社交媒體平台。

回到「社交互動」上，除了分享自己的資訊，還能分享其他人的資訊，像是心愛寵物的照片，因為拍攝出一張動人貼心的照片，捕捉到最可愛、真實的一瞬間，引起朋友們的共鳴與喜愛，順手就將這張照片分享出去。分享，是Facebook的經營主軸，也是其「核心價值」（Core Value）。

人們在社交媒體裡分享著大量的資訊，將這些資訊經由自己的觀點分享到自身的「動態時報」給其他朋友看，而這些朋友看到資訊後，感受到資訊內容的魅力，相對又跟著再次將其分享出去，這一層又一層的分享，造成一波又一波的擴散效應產生，這也是為什麼Facebook能夠反覆黏住每一位使用者眼球的原因。

因為每天都會有各式各樣不同資訊被四處散播，有些是朋友的生活動態、有些是工作相關的情報、有些則是不熟識人們所談論之八卦，正是這些即時、快速、轉動的資訊不斷在動態時報中流竄著，才得以令每個人甘願投入如此多的時間，去關心、在乎、計較每一個人之於自己的關係發展與認同。

「內容，才是擴散的依據；內容，才是維繫關係的基礎。」

因為Facebook有著各式各樣不同的內容，有的可能是朋友吃過一餐精采美食的照片分享、有的會是心愛對象傳來一張令人臉紅心跳的照片、有的則是客戶到世界各地去玩所拍下來令人難忘的經典照片，正因為這些內容才讓我們願意不斷的反覆花時間在Facebook上找尋更多無限的可能，期待下一秒鐘會發生的事情又是如何令人驚訝、驚喜。

當內容持續擴散同時，相對又將人們之間的關係緊密綁在一起。我們會特別去關注那些總是散播有趣內容的朋友，或期望成為他精采生活的一部分，內容不僅只是將人們之間那座名為「關係」（Relations）的橋梁建立起來，經由彼此之間的互動，像是點個讚、留個言、分享一下，都變成了彼此之間關係更為緊密的理由。

所以，Facebook不單單只是將資訊、內容擴散出去，甚至經由這些內容發布向外的路徑，再一個又一個的把人們拉了回來，從中，人們建立起關係，找到彼此的共通點、關聯性，產生更為頻繁的互動，透過那些情緒、感受凝聚出強大的力量，讓人與人之間，變得更是密不可分，緊緊相連。

b. 先認清楚自己正在做些什麼工作

經營粉絲專頁不完全等於所謂的「社群行銷」（Social Media Marketing），而「社群行銷」也不是只做粉絲專頁的經營，這兩者之間還是有一定差距，但如果要說到粉絲專頁是現在做為「社群行銷」一個比較理想、比較便利的手段，我想就「進入門檻較低」、「使用操作性佳」、「有效使用者數量多」這幾點來看，這到毋庸置疑。

只不過，談到所謂的「社群行銷」，要先理解一個先決條件，就是「**社群行銷富含大量人與人之間互動（Interactive）、溝通（Communication）及反應回饋（Feedback），透過議題操作（Agenda Seeding），傳遞各種口碑效應（WOM：Word of Mouth），引起相對事件發作（Event Marketing），進而產生一大串的社交連鎖反應（Social**

Influence），造成一波又一波的力量擴散出去，最終，這些力量將像是迴力鏢一樣回到發射者身上。」

至於，經營粉絲專頁的人，到底在從事一件什麼樣的工作？簡單的來說，那就是將「自產內容」或是由「使用者產出內容」（UGC：User Generated Content），透過有組織、有目的、有意義的分享方式，將粉絲想看的內容呈現到他們眼前。

用一個現在比較多人談論的專業名詞，那就是「策展」（Curation）。只不過這樣解釋遠遠不足夠去描述「策展」這兩字背後的意圖與意涵。畢竟，「策展」重視所謂的主題展示、展示目的、展示氛圍、展示作品、展示情境、展示動線及展示意義，最終還是脫離不了「策展」要達成之利益目標。

身為一位專業「社群企畫」或「社群經營」人員，其關鍵必備條件則是「了解社交生態、社群語言、議題運作、內容溝通、網友互動特性、禁止與限制」等，這些條件只不過是一位想要從事「社群行銷」工作或是粉絲專頁經營人員該具備的一些基礎認知，有了這些認知，比較能夠在社交媒體中悠游自在的活動著，而不是每一個字、每一句話都變成了拘束，每一次的互動都變成困擾。

想要將粉絲專頁經營好，身為社群企畫人員要理解社群的特性與本質就是「雙向互動」，懂得與粉絲們常溝通、多討論，讓粉絲黏住、貼著，同時也常伴粉絲身旁，成為他們與品牌或產品之間的信賴橋梁，穩穩將這座橋搭好，並輸送粉絲們想要的資訊過去，再者，將粉絲的意見與想法收集回來，做為雙方資訊與意見的溝通媒介，成為彼此相互信賴最重要的那一層關係。

c. 社群經營企畫人員的工作與任務

「社群經營企畫人員」對於社群行銷工作來說相對非常重要。現在有越來越多社群經營的人才在市場上被大量需要，可是擁有社群經營專業的並不多。專業，不只是純粹用社交媒體發文，那是要懂得怎麼設立口碑、操作議題、傳遞訴求以及運作人與人之間的互動。

專門的社群經營企畫人才難尋，其主因在於大多數人認為，「社群經營企畫」只要懂些網路活動、網路行銷或社交媒體應用就可以勝任。但事實上，社群經營企畫需要耗費相當心思去經營使用者、粉絲或會員之間的關係，因此社群經營企畫的特質必須對人、對事、對物要有熱忱、耐心、甚至必須謹慎小心，在乎人與人之間談話與溝通，傳遞互動之間的資訊要有技巧，而不是一味用自身本位主義的角色去看待與粉絲、會員之間的關係。

社群經營企畫本身得熟悉不同社群社交媒體上的特性，不論是FB fan pages、Google+ page、Twitter、Plurk等，相對需要了解不同社群媒體間的差異在哪，各社交媒體的使用者特性又是什麼。如果一位社群經營企畫不了解的話，貿然用些錯誤的議題或內容進入社群，不懂得對應的社交語言（Social Language），可能會忽略了這些族群之間的差異性，導致使自身落入不小心被網友或粉絲抗議、討厭的尷尬立場之中。

因此該角色在社群行銷裡占有相當大的影響力與比重，扮演社群經營企畫的這位角色，其所需具備的專業、知識、經驗，比起其他網路行銷工作的人來說，更偏向於感性面，感受面、感應面。因為此角色要能夠了解不同的社群，同時還得去描述、定義各不同社交媒體之輪廓。社群經營企畫掌握每個社群的特性後，才能夠去有效深入操作，理解什麼時候進場與退場。

「*社群經營企畫必須懂得溝通的策略與方法。*」

社群經營企畫平常要做的事情包含：對外「持續蒐集目前跟公司經營主軸或跟數位行銷操作相關的素材、資訊或討論的內容，掌握具體的議題操作動向，社群發展的走向，再來是去規劃出跟這些不同的社群之間的使用者溝通的策略跟方法」。對內，「向公司內部溝通不論是經營粉絲專頁或是其他社交媒體之間之於公司的好處與意義，還有所做的每件事情要怎麼被運作，即便看起來相當抽象又難以理解。」

補充前一點，所謂溝通的「策略」跟「方法」，指的是身為社群經營企畫必須熟悉媒體間不同的特性，設計相對符合在這些媒體間流動之議題，經由這些議題將內容不斷透過不同的網友擴散出去，進而觸及到各個不同角落的人們。所以一位好的社群經營企畫懂得妥善運用一套正確方法來跟身處於社交媒體內的人們溝通，藉以去掌握跟理解人們的需要、想法和意見。

社群經營企畫同時間似乎看來比較像是一個線上服務的單位，因此經由網路口碑監控，能夠去蒐集、採集、彙整網路上各式各樣關於品牌、企業的相關聲音（Social Voice），借重各種不同網路工具蒐集相關資料，彙整起來成為公司未來於網路行銷或是操作議題行銷時，一個可以用來參考的關鍵重要指標。

社群經營企畫在網路行銷裡占有相當重要的地位。這種人個性偏向活潑、敏銳度高、分析程度好、組織力夠，並且不排斥人際關係互動，如此才能將此工作做好。

d. 先弄清楚以及認識什麼是SIPS

「共鳴」（S-Sympathize）、「認知」（I-Identify）、「參與」（P-Participate）、「分享與散播」（S-Share & Spread），SIPS是由「日本電通」廣告所發展出來的一套

「社群行銷」且整合「行動行銷」之獨有觀點，也是行銷用的工具。其運作架構解釋了企業之於品牌、產品、服務應該要透過一個完整、有組織之模式來傳達及建立與消費者之間的關係。

現代的人們，因為被生活周遭過多資訊包覆著、世界因多元資訊弄得太過擁擠，人們很難對單一資訊產生特別的感受，也因此，在無法辨識資訊的前提下，大多內容默默消失，不被人們看到、注意到，特別是人們的視覺焦點除了放在原本的電腦與電視上，目前更是因為行動裝置分掉了那些零散瑣碎的時間在看那些他們關心的訊息。

因此要讓資訊可以穿透層層障礙，直達目標對象心中，內容的主軸設定必須要能夠符合目標對象所在意之事，要找出平常人們不一定會關注到的特點、亮點，將其包裝出一種特別驚喜之感，令人們發現所謂「平凡中的不平凡，同樣中的不一樣」，運用此一條件，試著去觸發目標對象們的「共鳴」，藉以把資訊植入他們心中，變成他們生活的一部分，好比是一句流行用語、時事議題、流行資訊、生活智慧等，進而取得產生一系列的「認知」。

有了「認知」，人們會產生一連串的看法，這些看法會不停的跟其他人們交流著，經由各式各樣不同的說法，令這樣的看法增添更多能夠引誘人們「參與」的元素，尤其是人們對一件事情所產生的認知不一定相同，在社群行銷的領域裡，正是這些不一定相同的認知，才能引起人們更多元廣泛的討論。我們可以觀察那些討論背後代表許多種不同看法，甚至有的看法完整、清晰、明確，看起來就像是一觀點。這些資訊一直在社交媒體裡打轉，慢慢的影響了人們，進而人們投入參與，試圖想要獲得更多。

「**參與，不只是自己身在其中，最重要的是那代表著自己是團體中的一份子。**」社交媒體之中，人們重視自己被看到的比例，當那些活在社交媒體裡的人，每天都關注、監視著各式各樣的資訊，透過這些資訊的推播與變造，融入了自己的看法，將這些資訊變成一部分的自己，然後再投入於社交媒體之中，其追求的目的就是團體中的認同感、參與感、信任感，為了獲得這些社交媒體裡而來的感受，相對就會引起更多其他的人參與。「這是一種看到別人做了，我也想跟著做的心態。」此種心態轉換，也就是「分享」。

因為「共鳴」而有了「認知」進而想要「參與」，然後產生認同採取「分享」的行動。

「反覆分享令自己的個性觀點更鮮明呈現。」

社交媒體浪潮來襲，人們經由社交媒體分享著各式各樣資訊，各種人們認為跟自己、跟朋友、跟家人、跟同事有關連的內容，用著Facebook或是其他社交媒體將這些資訊擴散出去，藉以建立自己在這些內容之間的參與感。同時，透過反覆分享的行為，令自己的個性、特色、觀點與看法更為鮮明展現於自身的社交圈裡，進一步取得社交圈內更多相對認同以及接納。

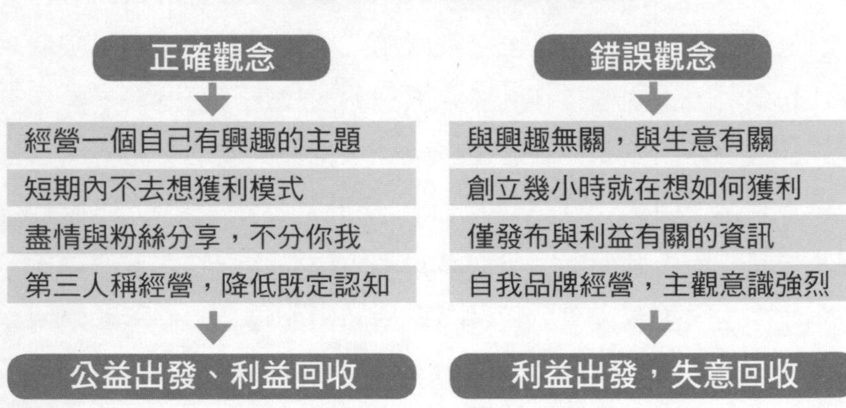

2.2 粉絲團的經營與命名如何能吸睛？

【Step 3. 經營相關重點】

因為Facebook在社交媒體上的強勢，擁有龐大流量與吸引著大量使用者的眼球，成為當前社交媒體領域裡一強大的網路媒體。因此，越來越多企業投入粉絲專頁（Facebook Fan pages）經營，試圖透過粉絲專頁與「粉絲」（Fans）或「目標對象」（TA：Target Audience）進行溝通，透過這管道，發布各類資訊，有的專注於品牌，有的則是聚焦於互動，不論目的是什麼，粉絲專頁能帶來的影響已經越來越大，只不過在開始粉絲專頁經營前，有幾個觀念要先釐清。

a. 開始前必然不可以少的規劃工作

想要展開任何工作，事前準備一定需要不少人力投入，再者像是彙整資料來源、歸納資料類型、人員工作分配、任務時間安排、內容設計製作、排入發稿上架、線上互動交流等，很多工作在粉絲專頁開始前得先想清楚「該怎麼做以及要做哪些事情，還有什麼事情是一定不能做」，不要等開始後再慢慢調整。當然有人可能會說邊做邊改也是一種方法，但與其一段時間後才發現做歪了，日後想回頭要修正得付出較多的時間與精力。我在此還是建議先做好妥善的規劃，想清楚要怎麼「長期經營」，後續「營運工作」都清楚後再來做，會是比較恰當之作法。

b. 去個人化但又有個性的角色經營

許多粉絲專頁的經營者喜歡以「小編」名稱自居，對於這樣的角色來講，雖然顯得中立、客觀，但當大多數經營者自稱為「小編」後，沒了區隔又去掉特色，失去許多人味，經營時的個性與魅力不見了，「小編」變成純粹在螢幕面前的文字符號罷了。因此，建議使用暱稱上可以採用比較人性的自稱，多點人格特色與個性主張，會拉近與粉絲們之間的距離。

c. 粉絲專頁不是大家做就跟著去做

「事情不應該是為了做而做，運作必然有其目的。」了解為什麼要經營粉絲專頁很重要，因為這攸關於日後經營時所要設定相關的目標，好比說目的是為了增加客戶回流，那內容與服務的主軸就會放在線上的客戶服務上；這些都是環環相扣缺一不可，弄清楚經營粉絲專頁之目的，才不會造成營運主軸不明，方向混亂，品牌溝通混淆。

d. 社群互動與經營需耗費精力時間

想要把一件事情做好，即便看起來只是純粹的發文互動，那也必然得投入相當多的心力，尤其越是簡單的事情越不容易做好。一如做所有的行銷活動都得投入相當多之時間、人力、資源，甚至是成本，粉絲專頁之經營一樣得耗費心力；好比說有些粉絲專頁經營者投入編輯、設計、客服、企畫等人力，那都是為了做到最佳化表現而相對投入之付出。

e. 正視專頁的重要性，專職專才經營

請不要忽視經營粉絲專頁的複雜性，不論是自製內容或是由使用者產生內容，要將這些內容妥善的展現到粉絲面前，需要經過縝密的思考與策劃，而非想到什麼就做什麼，更不是想發什麼文就寫什麼文，要建立一段與粉絲長期的關係，每一則發布出去的訊息都帶有力量、重量，要能夠非常結實的與每一位粉絲產生連結，進一步去維繫關係，因此專人、專職從事此工作為必要性，想要將工作做好就不能讓此工作要聚焦的能量潰散。

f. 社群經營是一場長期耐力馬拉松

粉絲專頁產生的效益不會是一天兩天看得到，除非是特別炒作議題主題是的粉絲專頁，不然大多以品牌、產品、服

務為主的粉絲專頁，要維繫與粉絲的關係，是需要花上較長的時間，經由持之以恆發布資訊，讓粉絲可以持續收看粉絲專頁所傳遞的資訊，並建立起良善的互動，進而將溝通訴求深入粉絲的印象裡，那都得耗費不短的時間。

但只要願意花費足夠心思在同一件事情上，粉絲必然也會慢慢看到該粉絲專頁的核心價值與精神象徵。

粉絲專頁可操作內容

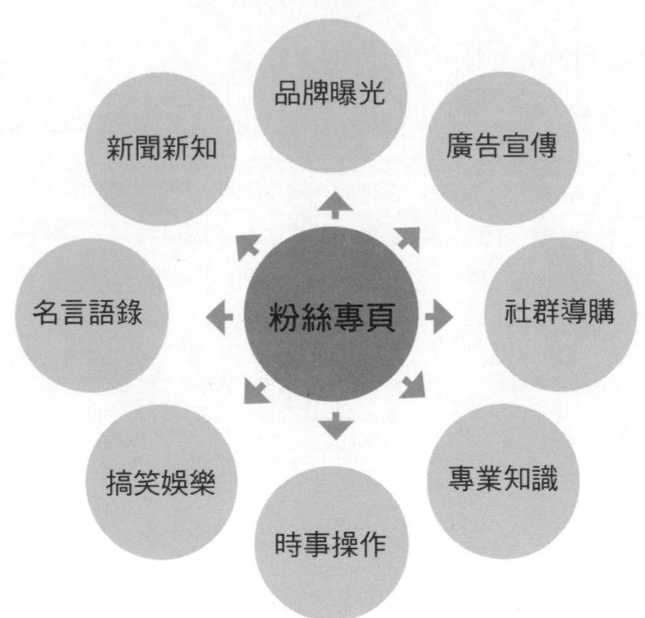

【Step 4. 設定正確主題】

設定主題之前，首先要搞清楚的就是粉絲專頁的主要「受眾群」是誰，或是稱之為「目標對象」。

因為這些主題必然是為了某些應該、可能會有興趣的粉絲而存在，找出這群人，設定清楚他們的「輪廓」，搞清楚他們平常喜歡什麼、喜愛什麼、重視什麼、在意什麼，這都會成為設定主題時的重要關鍵。

通常，接觸族群的人數規模會與粉絲專頁之主題設定有相對關係，因此謹慎、細心的設定好目標對象，日後在內容或資訊的推播與發布上，內容接觸到粉絲時比較能摸清楚他們因為內容產生反應的個性、認知與態度。

「目標對象的設定可分成三類。」

- **直接擁護者：本身對於該品牌或服務就有相當認知。**
- **間接擁護者：有興趣但卻還不算是有所支持的對象。**
- **潛在擁護者：沒興趣或沒認知，需要再花心思建立關係。**

粉絲專頁在設立的時候，依照Facebook提供的分類表來看，不難發現幾乎什麼類型的主題都可以申請，其中不少人在設定粉絲專頁時，大致會分成以下幾種類型申請建立：

a. 品牌或產品粉絲專頁

不少企業在選擇建立粉絲專頁時，首選大多還是以自身品牌或產品作為粉絲專頁，這類型的粉絲專頁主題較為生硬，即便品牌很大、很知名，通常也不容易透過內容與粉絲產生足夠的互動。

是不是經營品牌粉絲專頁一定要很刻板的只能談品牌、談產品、談服務？在此我的建議是「適當賦予品牌一些粉絲能夠參與的主題個性、特徵，如此才能勾起粉絲們互動與靠近的興趣，有了這層興趣後，經營粉絲專頁會變得更有趣、更好玩，更增添不少人與人之間互動的樂趣。」

b. 時事與新聞粉絲專頁

這類型的粉絲專頁成長速度快，延展強度夠，但是商業的用途比較不理想。比方說社會正在流行的事件或民眾們注意的時事，都會成為可以操作之題目，只要此主題持續引起媒體關注，粉絲彼此之間的凝聚度也會較高。

c. 事件與議題粉絲專頁

單一事件或是某個爆紅的議題，能在很短的時間內吸引到大多數的粉絲加入，並且擁有高互動性，只不過發展的延續性差，很難一個議題運作的長久，但不少腦筋動的快的人，都會趁這時間洗入大量粉絲，然後再藉機流入、置入一些轉換宣傳的資訊。

d. 娛樂及搞笑粉絲專頁

網路上有趣的資訊永遠不乏沒人看，許多純粹產出或轉載一些有趣、搞笑內容的粉絲頁，總是能夠吸引不少粉絲加入，尤其搞笑類的內容無關資訊新舊，可以在不同的時間反覆發布持續吸引目光，因此純粹娛樂類型的粉絲專頁具有高黏度與高散播力，可相對卻無法有效與產品或品牌聚焦，導致商業媒體效益有限。

e. 語錄或名言粉絲專頁

因為Facebook動態流動的資料太多、太快，許多粉絲在接受資訊時，比較習慣接受一些資訊量較小、段落較短的內容，以致於語錄或名言類型的粉絲專頁如雨後春筍般冒出，許多此類型粉絲專頁用一些名人語錄佐以圖片，當下去刺激或滿足粉絲短暫的情緒抒發，藉以讓粉絲藉由這類資訊再向外發送、傳遞、散播。

f. 內容與知識粉絲專頁

部落格內容粉絲專頁化，當多數使用者將時間與目光全聚焦在粉絲專頁上時，相對瓜分掉一部分原本只在部落格閱讀的使用者，因此不少粉絲專頁陸續投入較多人力，用心經營與產出內容，將原有純粹置放在部落格的閱讀模式轉變成由粉絲專頁傳遞內容，再經由粉絲把內容大量擴散到不同社交族群裡的一種高密度結合互動的動態行為。此類型粉絲專頁經營得當，可以同時做到高擴散以及高凝聚的社群特性，但相對經營門檻較高，需要耗費最多的時間、人力、成本。

g. 人物或團體粉絲專頁

不少明星、藝人、政治人物等，開始透過粉絲專頁與支持者溝通，除此之外，也有一些原本是藝人或明星的粉絲，替自己支持的對象成立粉絲專頁，通常這類型粉絲頁聚眾的能力好、凝聚向心力的效果好，互動的頻率也高，尤其由明星本人自己下來互動的狀況會更好，此類型粉絲專頁的族群相對精確，資訊平均擴散的效益也好，但內容也會受到較為嚴苛的檢視。通常只要內容稍有不當，容易遭來一些言語、言論上的批評或指責。

不論用什麼類型的角度建立粉絲專頁，最重要的是經營主題要能貼近粉絲「興趣」（Interest）。因為人們重視建立於自身上的「興趣」，透過這層「興趣」連接起的關係會比較強烈、強壯，不會因為一個陌生、未知的資訊，找不到雙方接觸的著力點，導致無法引起粉絲注意力，令主題在設定之時，導致粉絲加入意願降低，後續內容提供相對會比較無力薄弱，少了粉絲因興趣想要投入的熱情，粉絲專頁也難以有較為理想的互動。

【Step 5. 重視專頁命名】

一個好的粉絲專頁名稱，不只好記，更重要的是好找，尤其Facebook搜尋功能不怎麼好用，要讓自己的粉絲專頁可以被有興趣想找的人找到，正確的命名很重要，在此提供以下幾個命名的重點作為參考：

a. 粉絲專頁名稱不用太長

簡潔、有力，最好容易停留在粉絲的腦海裡，可以讓人們方便口耳相傳，像是廣告、創意強調的「標語Slogan」，簡短的名稱就能夠解釋大多的粉絲專頁之主題、內容及訴求。

b. 名稱內要有興趣相關字

「人們習慣在未知事物中找出與自己有相關的資訊，並與之締結關係、建立關聯。」前面提到粉絲專頁的主題盡量要可以跟興趣結合，在命名上可以很清楚的點出這主題相關之興趣是什麼，會更直覺地在粉絲的印象中建立起認知的關係，進而觸發粉絲產生相對行動來了解更多粉絲專頁的內容。

c. 命名避免使用專業術語

許多官方粉絲專頁為了強調自身的技術、專業，特別會用一些英文縮寫或是不大容易理解的名詞作為命名依據，這麼做不僅不容易吸引粉絲，反而還會造成一些距離感，也許內容很有料、很有看頭，可是光看名字就不能意會所要表達的意思的話，要想引起粉絲共鳴是有一些障礙。避開那些只有少數人才懂得專業術語，用一些人們看的懂、看的理解的文字，這會是個好的命名開始。

d. 文字盡量生活與簡單化

貼近人們生活在意的資訊、靠近人們平常生活的需求，藉由與粉絲產生的同理心、認同感，在命名的文字使用上，特別親近粉絲們，採用容易理解、簡單閱讀、輕鬆認識的文字作為命名之基礎，讓那些我們生活周遭所使用的文字包覆著粉絲，用共通語言建立起一段彼此都認同的關係。

e. 帶到與粉絲的利益關係

該粉絲專頁能替粉絲帶來什麼好處，有什麼相對效益，其中粉絲又有什麼相對因素應該要加入粉絲專頁，這些都是引誘粉絲看到粉絲專頁名稱時，選擇加不加入的主要因素，只要妥善掛勾彼此利益關係，能令粉絲一看到名稱就產生想加入的衝動，粉絲專頁後續在吸引粉絲加入的難度必然會下降不少，甚至是可以降低不少門檻與障礙。

命名這件事情好比我們取名字一樣重要，名字取對了，很多關係、感覺也會跟著對，但是名字一取錯或是取的太複雜，外界的觀點一定也會有相當的影響。取對名字、取個好名字很重要，多花點心思取名字能替粉絲專頁後續經營帶來不少推力。

過去我們在取名字的實際作法是依照主題所衍生出來各類的興趣，在這些相關聯的興趣之中去取出各種名字，由流行、潮流、時事、生活、簡單、態度、感受、欲望、期待、想要等元素作為發想的依據，至少想出100個名字後，再來討論哪些是最不好、哪些又是最好的，透過層層篩選將期望中的名字取出來。最後，有了名字再去比較往後會產出、收集到的內容，是不是能與這名字背後代表的主題相結合，這道關卡即能決定名字取得是否恰當、是否合適。

2.3 設計議題並加入欲溝通內容

【Step 6. 設計鮮明議題】

有主題、有興趣，再來就是對應之下的議題。經營粉絲專頁不能像在黑夜裡不開車燈摸黑開車似的，看不清楚方向。若操控失誤，意外撞上問題，日後怕會需要耗費相當代價去彌補當初所作的苦果。

議題設定是為了讓主題之下的內容可以更有組織、結構性的呈現在粉絲面前。「每個內容、每段文字，應該看起來都是精心策劃過的作品，而不是隨機產生的意外猜想。」懂得如何去安排議題，能夠妥善引導粉絲長期、穩定的支持下去。

「議題設定的方向視粉絲類型作調整。」

議題設定的幾個方向，包含了：

a. 新聞時事

通常跟著新聞時事製作內容，相對能贏得較多人的關注，但是如要專注經營粉絲專頁的內容，藉以與粉絲建立起較強的社交關係，那這些純粹新聞類型的內容請依照狀況使用。因為一個有主題，依照興趣所產生的粉絲專頁，其內容組成不會以新聞時事為主，不過如果粉絲專頁的主題可以恰巧與新聞在推播的資訊做結合應用，內容會有互相加乘的效果。

b. 節慶節日

比方說聖誕節、情人節、中秋節、教師節等，各個不同的節日都是人們平常會關注的議題，能夠適時讓粉絲專頁的內容與這些節日做結合，或是舉辦一些線上互動的活動，都會令粉絲專頁變得更熱鬧、熱絡，進而吸引其他粉絲目光。適當運用節日作為內容發展的議題，可以貼近人們生活，引起粉絲共鳴，挑起人們參與互動的動力，發展出更多屬於粉絲專頁才有的經營文化。

c. 民俗活動

地方慶典、文化祭、在地活動等，因應不同的地區特性，結合一些當地民俗文化，可以豐富粉絲專頁內涵，內容不再只是死板板的文字，而是富含更多情緒、情感的內容，佐以一些在地人文故事，藉以襯托主題的精神，傳遞人們在意的資訊，橋接內容與感受之間的關係，將文化特質、特性融合在內容裡，贏得粉絲深度關注及在意。

d. 潮流新訊

偶像劇、流行文化、熱門用語等，結合一些人們平常在大眾媒體上關注的資訊，將其內容重新再製、包裝，設計成一全新符合粉絲專頁主題的內容，進而引發粉絲們想要參與更多的興趣。透過這些粉絲平常就很在意的議題，能夠迅速與他們找出彼此產生共鳴的焦點，持續放大並且深耕這些焦點，粉絲們會隨著相對潮流資訊的供給、灌溉，變得與粉絲專頁之間的關係更強、更穩、更牢。

e. 四季變化

春、夏、秋、冬四季，每一季因為氣溫、氣候的不同，令人們有著強烈不同之感受，這些由外界加諸來的感受，深深影響了每個人對於許多事物觀點之不同。懂得善用不同季節的相對特性，將其結合到粉絲專頁內容裡，不僅可以輕易取得與粉絲之間的關係，更進一步的將這些感受再透過內容設計的改製、再製、重製，則可與粉絲們有著彼此感同身受的體驗，將這些體驗轉化為一種可被描述的共同回憶，那會讓內容牢牢鎖在粉絲的心中。

f. 產業活動

電腦展、家電展、電玩展、樂器展、家具展、有機健康食物展、化妝品展、醫學美容展等，各行各業都會有許多實體活動，這些活動通常聚集相當多的人參與，將粉絲專頁內容與相對適當的產業活動結合，不僅能夠作為內容供給燃料的一環，還可用來製作一連串相關聯資訊報導之用。透過此內容去滿足一些本身就在意相關資訊的粉絲，提供有主題佐以興趣內容的同時，還可以能與現實結合掛勾其內容黏著效果會很好。

g. 重大議題

民生、大眾、公共議題等，牽連著人們的敏感神經。適當的表態，經由正確、中立、妥善的內容，表達粉絲專頁的公民態度，把內容變成有價值、有意義的力量，將其傳播、散播出去；透過一張圖片、一句標語、一段影片，都可以喚起粉絲高參與度的共鳴，這些共鳴能夠拉近更多的粉絲共襄盛舉。不過切記，要真正的參與而不是假象的操作，重大議題如果一個沒注意到，反而會引起不必要的誤會及麻煩。

h. 人物觀點

人物專訪、意見領袖、高峰論壇、主題專訪等，使用人物觀點議題的好處是可以藉著這些人在某些領域的人氣與影響力，吸引屬於他的粉絲們對其產生更多之關注與連結。尤其在某些內容主題上符合多數人們在意的主題時，能夠引發相對較多之討論、互動與延伸內容之產出，這些內容不僅能夠帶來其他粉絲的參與，同時還能持續增進主題內容的厚實度、真實度。

i. 實用知識

現在Facebook上充滿各式各樣的生活小知識，不僅是知識，透過網友們在資料挖掘上的優越能力，各種超乎想像的優質內容不斷被發掘出來。而這些內容不僅具有相當深度，甚至有的是一般人日常會接觸可卻沒有發現到的一些令人驚嘆之常識。適當的運用這些內容，不僅可以帶給粉絲一種「Wow」的感受，還可以強化在他們腦海裡的印象，將這知識變成定期發布與更新的議題，能夠穩穩拉住與粉絲之間的關係。

j. 兩性關係

兩性之間總有說不完的話題，不管是不是與品牌、產品或服務有直接、間接的關係，在廣告領域裡，兩性間的互動、行為、語言都富含了各種不同的資訊傳遞，理解男對女、女對男的各種觀點，將其變成一種需要刻意關注的議題。不僅能夠輕易贏得粉絲的共鳴，同樣能夠取得更多人們在這類議題的互動，這些互動，除了可以帶來更多的粉絲加入，還可以作為內容持續增加發展之基礎。

「議題設定以季為一主題。」

議題的設定（Agenda Setting），一般來說我過去習慣的作法是「每一季一個議題（Agenda）」，承襲該季之下的每個月則是「呼應其議題的主題（Subject）」，這邊的主題跟粉絲專頁設立的主題不大一樣，此處的主題主要是為了承襲議題而來，用三個月的時間，將一個議題發展成熟，採用以下順序：

第一個月的「起、承」，

來到第二個月的「轉」，

再到第三個月的「合」。

理解議題於每個月發展的重心不同後，接下來針對各個不同階段來「引導」（Leading）社交媒體裡的內容發展，以六個階段做為一個操作循環：

「醞釀→發酵→擴散→爆發→收斂→聚合」

上述每個階段，在一季裡會操作一輪（Loop），然後每一季依照這個觀念運作下去，季與季之間的議題可以有「依存性」、「關聯性」或是純粹的「獨立性」，這都是看粉絲專頁設立時的主題與其走向為何來訂定。

【Step 7. 用心製作內容】

在開始談內容之前，先了解到內容的來源。粉絲專頁要經營好，不完全是靠自產內容，有時候透過其他使用者產生的內容，一樣可以將訴求傳遞到粉絲心中。在此，得先理解內容來源有二，分別是：

a. 自有產出

通常對大多數的粉絲專頁經營者來講，產出自有內容是一件相當不容易的事情，不管是撰寫文案、拍攝照片、錄製影片等，都會成為工作的一大負擔。而這不過還是在製作產出的階段，其真正困難高門檻之處又在於一開始要找什麼樣的梗、題材、創意來產出內容，這工作困擾著不少粉絲專頁經營者。為了要製作內容，我平常就會做以下幾件事情：

・大量閱讀

想要順利製作出讀者或粉絲想看的內容，平常就要大量閱讀文章。透過閱讀各類的文章，去找出別人寫文的組織、架構、邏輯，並且將一篇文章所想要表達的訴求、觀點、重點全條列出來，做為自己改善寫文的依據。想要寫出一篇令人看得懂的文章，平常就得透過各式不同的文章來訓練自己的觀點，同時實際動手下去練習撰寫，長時間練習之下，才有可能逐漸寫出屬於自己的風格與特色。

・儲藏創意

有時候創意就是擠不出來，尤其在越關鍵的時候越難找，因此平常看到好的創意、好的點子，習慣性的就要記錄下來。我自己的習慣是會隨手帶著筆記本，現在則是透過智慧型手機，將看到的拍下來，並且佐以語音說明，將我看到的創意儲藏下來，把這些創意累積成為自己的知識庫。若日後沒有什麼想法時，可以拿出來參考，如此能讓苦無靈感或想法的人，一時有了一些參考發想指南。

・收集點子

不要刻意去想。在生活中有時想到一些點子順手就記錄下來，不論看到什麼樣的題材，即便是生活中的小事件觸發了何種靈感，只要可以持之以恆不斷地去累積生活周遭觀察到的點子，再結合原本自己粉絲專頁想要發展的主題，依此方式去找尋生活、工作中的線索，將這些線索串連起來，原先看來微不足道的小點子，可能也會變為撰寫內容的重點。

・彙整標語

好的「標語」（Slogan）能夠大量激發人們的想像與認同感。而這些標語的設計過程並不容易，一如過去我在專案公司從事行銷企畫工作時，最困難的就是將一些抽象想法，佐以創意元素最後變成一段字、一句話，然後又要在這短短的幾個字裡面，將我們想要傳達的精神象徵、價值主張、利益關係、相對效益等全給融合在其中。要做得好可是曠日費時，因此平常看到好的標語就寫下來，對於日後培養寫文的能力上必然會有相當程度之幫助。

・整理圖片

雖然不是每個人都能將圖片後製軟體（ex. Photoshop）用的很好，又或者不能夠隨手就拍出一張令人驚艷的照片，但社交媒體上傳播最為廣泛的還是以圖片居多，特別是一些精心設計過，主題內容傳遞的意涵鮮明之圖片為重。沒有製作有梗、有料圖片的能力，相對也可以先培養發掘出觀察每張圖片所帶來的意涵、主題的技能，慢慢的再將這些觀察到的經驗放在日後圖片製作上，必定能對內容發展有其顯著幫忙。

・收納影片

網友喜歡花時間停留在線上觀看影片，而通常能夠引起人們大量散播、擴散的影片其長度通常不會超過十分鐘。這些影片有的不一定是專業製作公司所做，有的可能是網友隨性拍攝下來的紀錄、有的則是一些所謂網路素人的音樂或影片創作。多看、多聽、多收納這些影片，即便當下不一定能夠用得上，但要是日後在內容發展上有可以契合的主題時，仿照該影片製作屬於自己的內容，效果一定不會亞於純粹的文字或圖片。

・歸納報告

充滿數字類型的資訊往往可以一下子就引起人們的注意。人們喜歡跟自己生活周遭有關的數字或統計報告，這也是為什麼許多新聞媒體總會定期發布一些與數字有關的新聞。而這類型的報告先不論其背後統計目的與意義，能夠妥善將這些資訊收集起來，重新組合成一份由自己觀點歸納出來的報告，那一樣會是一份精采又吸引人的內容。要經營好粉絲專頁，平常對於各類統計報告就要有收集、儲存的習慣，不一定能夠立刻用到，但只要隨著議題發展，在適當時機肯定能帶來相當大的幫助。

‧訂閱網站

想要隨時擁有豐富靈感、充足想法、專業知識、產業情報來製作內容，那平常就要培養訂閱各大網站RSS或是電子報的習慣。我自己是只要跟工作有關、客戶產業相關的網站，一定會將其加入最愛，並且去收集跟整理這些網站的資訊，閱讀這些資訊，觀察外界其他人的觀點，將這些觀點一點一滴的吸收，慢慢再轉化為自己的想法。接著把這些一個字一個字的表達出來，這對於專業、深度內容的產出可達到事半功倍之效。

自有內容的製作、產出都需要花上許多心力與心思，但選擇自我產出的好處是可以堅持與穩定內容的品質，將資訊傳遞到粉絲眼前時，那些內容附帶的價值與精神，同樣也會看在粉絲的眼裡；只要用心經營，妥善的依照粉絲喜好提供他們在乎、在意的內容，粉絲專頁的組成品質必然會越來越好。

b. 使用者產出

User Generated Content，由使用者產生的內容，意指不是自己產出的內容，由其他人產出的內容，一般簡稱為UGC。因為現在製作內容的人很多，再加上個人媒體當到，很多人產出來的內容其品質很好，有料又紮實，甚至在某些觀點上相當類似。因此，在粉絲專頁的內容經營上，並非全部的內容都要自己來產出，適當的透過其他媒體之內容，借力使力同樣可以牢牢的經由內容穩住與粉絲之間的關係。

・要經過對方授權

沒有人喜歡自己的內容在未經對方同意下被擅自取用，如果期望粉絲專頁的內容可以持續讓粉絲們喜愛上，那在內容來源的選擇上，就得要妥善地建立這道關係，而不是未經對方授權就隨意使用他人的內容來經營，不能將風險押在已知、既知的問題上，能得到其他內容作者的授權，日後合作空間會更大，甚至寫專欄、做專稿都不是問題；可如果在授權一事上出了問題，辛辛苦苦經營的粉絲專頁可能會毀於一旦。

・不隨意轉貼內容

現在許多粉絲專頁上都充滿著有趣、好玩、生動的內容，這些內容作者看似不詳，不一定知道是誰做的，同樣無法明確來源是為何處。通常我的建議是收集別人好的，將那些優點吸收起來，內化變成自己知識、經驗、觀點的一部分，再把這些咀嚼過後的資訊，輸出製作成為專屬於自己個性、風格、特色的內容，那絕對會好過於純粹只是「轉載」、「未經同意」、「擅自取用」要來得好很多，粉絲專頁也不會因為內容所產生的爭議而遭遇任何潛在風險或危機。

・翻譯要獲得同意

內容都是有價值的，每一則內容即便不清楚價值為何，都是別人辛苦產出的結果。有的人以為翻譯他人的內容後，不需要經過對方同意就可以將其內容轉化為自有、自用的，進而發布在粉絲專頁或部落格裡。事實上，並非如此，這就像是為什麼雜誌代理商需要向國外購買內容，而不是直接在未經許可的狀況下，將國外的內容翻譯成中文版後就自行販售。這徹徹底底侵犯了著作權，經營內容要向其他人取得內容，請務必先獲得對方的書面同意，至少，這對於經營粉絲專頁的粉絲來講，是一種在乎、保障權益的措施。

・可加註個人觀點

經過同意後，使用他人的內容可以加註一些個人觀點，能夠增添這則內容的豐富度。一般來講「快速導讀」是個好方法，再不然就是運用文字來引導粉絲看這則圖片時可以更快進入狀況。當然還有刻意一點的做法，是在觀點上取用一些比較充滿想像空間的文字，令粉絲在看這則內容時，多些想法，激盪出一些互動的火花，找出彼此之間對於一段內容認知的落差，從中再去試著用不同的內容，來填補那些內容溝通上的斷層，進而去豐富粉絲專頁的內涵及厚度。

・避免曲解其原意

加上個人觀點或是重製過後的內容，盡量不要曲解原意，一方面這對於原作者來說並不尊重，再者是現在的網友很精明，有時候看到一些內容就會直覺丟到Google去搜尋看看有沒有類似的，只要讓一些有心人士找到從中作梗的機會，這一定會引起相關言論的撻伐。因此，運用他人產出的內容時，最好保持原汁原味，不要自己消化過後，轉個角度換個方向就重新再產生一次，最後將別人原先想表達的內容曲解了，反而對粉絲來說並非是好事。

・未經求證請少用

有些內容產出的作者為了贏得外界目光，在撰文或是數據報告上，總是會加上自己的特殊觀點加油添醋，這些內容可能不一定具有專業性，反而內容漏洞百出。要避免使用那些充滿爭議或是假造捏做出來的內容。如果作者設計內容之目的本身只是為了搞笑娛樂，事前搞清楚目的，如果只是為了博君一笑，可是有些內容不完全是真實，粉絲專頁經營者必須妥善謹慎的為粉絲把關。不要忽略了提供真實、正當資訊給粉絲的重要性，將內容經營好不單單只是傳遞資訊出去，讓正確的資訊呈現在粉絲眼前一樣相當重要。

「引起共鳴的貼文才有被分享或注意的價值。」

理解內容來源的兩大方向後，接著則是粉絲專頁裡的內容組成應該要符合哪些條件比較能夠引起粉絲「分享」、「按讚」或是「留言」。請記得，每一位粉絲都是真實的人、真實的使用者，在乎他們所計較之事，也能確保粉絲專頁的發展走向始終如粉絲期待的繼續成長與前進。

・驚喜新奇

「Wow」在廣告文案的設計世界裡，是一個指標，同樣的在服務設計領域裡，這也是一個指標。這代表的是使用者或目標對象看到時的第一個反應，第一反應決定了後續人們對於這粉絲專頁的第一印象。所以，內容設計時，我們一定會將焦點特別放在「如何製造哇、哇、哇」的氛圍，將這氛圍平均散播在粉絲專頁的所有內容裡，有著這些持續帶給粉絲的驚喜感，相對粉絲也會比較容易產生共鳴，採取行動參與，進而將內容分享出去。

・娛樂好笑

人們總是喜歡過得輕鬆一些、娛樂一點，而不是成天面對著嚴肅的資訊，通常娛樂好笑的內容也比較容易引起粉絲的反應，包含了點讚或是分享。因為搞笑的內容可以最直接觸及粉絲的感受神經，令他們很直覺的就可以產生反應，將這些反應試著複製到自己身邊的朋友之中，因此懂得運用一些娛樂好笑的內容，不僅可以擴大內容被分享的機會，同時間還能接觸到一些潛在族群；尤其是那些尚未將入粉絲專頁的其他人們。但切記，適當的搞笑是幽默，但若將搞笑內容與自己的品牌結合在一起時，那就顯得有點愚蠢。

・貼近生活

人們對於一些與生活距離太遙遠的資訊難以產生共鳴，尤其是那些很不容易理解的非自身相關領域之專業。適當將精心設計的內容與粉絲平常生活相關聯的題材結合在一起，貼近、靠近粉絲們的身邊，用他們聽得懂的語言，說著他們關心的生活瑣事。把那些看似理所當然，平常在生活中覺得沒有什麼特別之處的內容，重製設計過，必定能夠重新贏得粉絲們關注的認同與喜好。

・知識教育

偶而發布一些可以跟議題或時事潮流結合的知識內容一樣能引起粉絲的共鳴。比方說電影「吸血鬼獵人林肯」上映時，很多網友們因為不知道這一位美國總統的背景，於是有人分享了「維基百科」上面提到關於過去「林肯」總統的事蹟，不僅可以讓網友增長知識，同時間也讓這部電影的擴散特點又多了一個可能性。再一個例子，比方說電影「天使與魔鬼」上映時，很多人不清楚一開始的實驗室裡的機器是什麼，後來有人分享了那是「強子對撞機」，並且用了一些科學期刊的內容來佐證這件事情，電影裡虛幻的場景突然有了真實事件的支撐，內容變得更有可看性。粉絲們產生的認同度越高，內容就越容易被擴散出去。

・深度專業

一直以來，網路上能讓人們大量傳閱分享的內容通常都是具有相當程度又用心的專業好文。可能，有的人會說太專業的內容不是每個人都看得懂，又怎麼會有人願意在粉絲專頁內去分享呢？引起粉絲分享的動機，其最重要的是呈現手法，一些看起來生澀不容易理解的內容，透過簡單、清楚、可愛的圖解來做輔助，令原本看起來就很生硬的資訊可以變得軟性、柔性一些，這種降低了人們在閱讀時的抗拒感，再佐以一些有趣、生活化的比喻手法，相對就比較能夠讓粉絲們採取行動分享。

2.4 發文時程與互動也是主要關鍵

【Step 8. 安排發文時程】

不論是不是粉絲專頁，在網路上要能夠持續吸引讀者的目光，相對得定期、常態性的更新內容，因為只有最新的內容才能給予讀者理由與機會上門觀看。妥善的安排好粉絲專頁發文的時間、頻率，除了能比較「平均」的觸及到粉絲們，同時還能夠維繫一段比較穩定的互動關係。能夠引起粉絲們共鳴的內容，不僅能帶來互動，還可以發揮相對有效的擴散，經營粉絲專頁得多加重視。

a. 發文數量

依照粉絲專頁主題的不同，發文數量也會有所差異。如過以通則來看，為了與粉絲建立一段持續又長久的關聯，每天發一則有用心的、有深度的內容雖然非必須，但可以有的話會比較好；情況與資源允許的話一天至少發布三則，早上、中午以及晚上都可以發。

另外，有些粉絲專頁因為內容來源是透過UGC的方式，因此甚至一天可以發到八則。有的人也許會質疑，一天發那麼多則會不會被粉絲討厭或排斥。關於這一點，特別解釋一下，Facebook是一個純粹社交媒體平台，其內容呈現的比例一定是以使用者的好友動態為主，我的觀察是在整體塗鴉牆的內容組成上，大概是「**朋友動態：其他動態：廣告動態＝7：2：1**」。

基本上來講，影響塗鴉牆展現內容的因素有幾個，分別是：

1. **Facebook在資訊展現於塗鴉牆時透過演算法控制各種內容組成。**
2. **粉絲不會只加入一個粉絲專頁，內容呈現由許多粉絲專頁瓜分。**
3. **廣告出現於塗鴉牆的比例增高，瓜分掉一部分塗鴉牆上的內容。**

舉個例子來看，粉絲專頁的內容出現於粉絲塗鴉牆上的比例大約是十分之一，這意思是指某粉絲專頁如果一個擁有1,000人的粉絲，不論是在什麼時段發布一則近況動態，只有約莫100人有機會看到。而這不過只是一種可能，其他還得算上發布時間的配置、以及比較其他粉絲專頁發布近況的狀態。

像是如果同時間，某一位粉絲加入的十個粉絲專頁都發布了最新動態，而粉絲的塗鴉牆上不會每一個動態都看到，只會看到那些相較於自己來講，權重較重的粉絲專頁動態。

意指，該粉絲專頁有較多朋友加入，彼此共同加入的朋友也多，該粉絲專頁發的動態所取得「投入互動的用戶」較多時，相較於該粉絲看到其動態的比例也會提升。

因此，需要大量的發布近況嗎？其實不然，發布的數量還是以粉絲專頁的「主題與屬性」為主，主要看「受眾群」（粉絲）的特徵。像是有些純粹以B2B（企業對企業）的粉絲專頁，並不需要每天發到那麼多的量，因為一般來說該粉絲專頁的「目標對象」，是有需要時會自己找上門去翻資料，而不會天天盯著塗鴉牆，眼巴巴期待相關資訊被展示的人。所以在數量發布的控制上，看的是該專頁設定經營哪類型的主題。

b. 發文時段

粉絲專頁的「主題」與粉絲（目標對象）的作息有相當程度的關係，而內容產生之影響也與時段有著密不可分的關聯。比方說，一般發文頻率密度最高、擴散效果最好的時段是在晚上，理由是晚上使用Facebook的人多，最好是在晚上十點左右，那時使用者最為活躍，但這是指一般狀況。考慮到粉絲專頁的主題與屬性，基本上來講還是得去思考粉絲們的生活作息。

・通用的時段

最普遍適合發文的時段，分別是「早上九點半到十點半、中午十二點到下午一點、晚上八點到凌晨二點」，其中，以我的觀察來看，「晚上十點到一點」這段時間的使用者活動率特別高，不論是使用者們的發文或是互動，這段時間產生的資料量較大。不過這泛指一般企業上班族較多，有些人的社交圈可能早早在晚上十點過後就已經沒有在用Facebook了。

・主打的時段

有些粉絲專頁的內容不一定適合整天發，而是在特定的時段發送效果特別好。比方說，美食類型的適合晚上十點過後，因為在那時候還沒有睡覺的粉絲，肚子有些餓了，對於畫面上出現的食物相對反應與感受會較大。再來類似旅遊類型的內容，比較適合於下午一點與下午五點過後發，因為上班族想去旅遊的時候，可以藉著休息時間與下班之前到處逛逛，規劃與想像接下來的旅遊計畫。

・導向性時段

特別要在某個時段發布內容才能產生擴散效益的粉絲專頁。例如週末限時特惠活動，主要鎖定的是週末能夠有較長時間黏在線上的粉絲為主。許多特賣會類型的粉絲專頁，其發布內容的時段通常都得「特別挑過」，如果鎖定的是上班族，搶限時限量優惠，那發布在下午的時段會較多。一種是因為辦公室內如果氣氛對了，大家會彼此互相邀約來搶好康，令一種則是忙碌一天，在即將下班的時間透過搶特惠來釋壓。

c. 發文頻率

粉絲專頁的內容發布到底是一天幾則，還是每天幾則，又或者是不是能夠一週一則？回到前面提到的，這些問題端看粉絲專頁的「主題與屬性」。

舉個例子，朋友的粉絲專頁其主要經營內容是跟「五金零件」相關，簡單的來說就是螺絲、螺帽類型的公司；這種粉絲專頁強調的多數是產品呈現、產品應用、技術發展、客戶服務等，通常會加入的粉絲也不多，其溝通主軸除了不斷去建立品牌印象，就是用文字來包裝生硬又非常有距離的商品。

此時，幾天發幾則文並不重要，重要的是每一則發文能不能引起互動。好比協力廠商、供應廠商、潛在客戶、直接客戶等話題。粉絲專頁重視的是再行銷（Re-Marketing）與客戶服務，每一則發文的專業度、深度都得夠，其產品圖片的拍攝得比照專業型錄，因為該粉絲專頁存在的目的與意義相對較接近是「一個具有互動關係的線上展示間」。

【Step 9. 關注發布後動向】

「經營粉絲專頁和部落格最大的差異在於『互動』。」

通常，沒有意外的話，一個擁有數千人真實粉絲的粉絲專頁，發布近況動態後在大約一分鐘內就會有粉絲投入互動。不管是點讚、留言或分享，只要是一有意義的粉絲專頁，主題也貼近粉絲的喜好，得到相對互動則是必然。

因此，妥善去監視發文後所引起的互動非常重要。由於粉絲專頁本身提供的洞察報告對我來講並不是太實用，我會額外製作Excel表去監視跟記錄粉絲專頁上的各種互動。通常會從以下幾點去各別注意：

a. 哪些粉絲最常點讚、分享與留言

掌握哪些人比較常點讚，相對就知道對方可能看到粉絲專頁內容的比重較高，然後再去分析彼此對方的朋友組成，有多少朋友加入，以及這些朋友交叉互動的頻率又是如何。透過一段時間的觀察，可以掌握不少未來粉絲專頁內容呈現改善的依據。

b. 粉絲們投入互動的時間分布如何

粉絲們的作息與粉絲專頁的經營成效息息相關，因此了解在哪個時段可以得到的互動較高，相較於可以觸及的人數較廣，都需要花心思去觀察與掌握。因為理解互動投入後的相對時間分布，從中比較能找出哪些時段投入互動的人多、哪些時段少，這些時段可以作為調整日後發布近況動態時的參考。

c. 哪些議題最容易引起哪些人互動

每個粉絲專頁都應該有其個性、態度與脾氣，物以類聚，什麼樣的人就跟什麼樣的人聚在一起，每個粉絲專頁的內容其組成一定會相對影響了粉絲的組成，比方說：

・對內容喜歡的粉絲

喜不喜歡粉絲專頁的內容，從點讚、分享、留言的分布大致上觀察的出來。一般來講量化的數據是一種，另外一種則是去觀察粉絲分享出去後引起留言討論的狀況。只要是分享出去後，在粉絲們的分享貼文中出現了正面的留言，相對以後該粉絲要在分享類似的內容其意願會較高。

・對內容討厭的粉絲

不表態不一定就是喜歡，當然，要掌握不喜歡該粉絲專業內容的人並不容易。換個角度來看，經過一段時間的觀察，通常能發現有些內容某些人會互動，有些則不會。因此要找出對內容討厭的粉絲，要做的是去觀察那些會互動的粉絲，在哪些內容上的互動相對較少。不過這觀察到的指標通常是一種概略的感受，而不是絕對標準。

・對內容敏感的粉絲

有些內容特別能引起粉絲們討論，其中一大主要原因是「文字具有一定程度的煽動性，比方說不中立、不客觀、不正確。」當內容做的很好，粉絲們大多會給予正面的支持，點個讚或分享，可是留言卻不一定熱絡。所以試著去找出人們對於資訊最為敏感的地帶，利用文字、語言的特性，去戳動粉絲們的敏感神經，相對能夠引起較高的互動，人氣也會較旺盛。

d. 哪些文字或圖片最易讓粉絲討論

我在設計內容的時候，一定會反覆去觀察哪類型的圖片或文字比較容易讓粉絲們互動討論。比起純粹點讚或分享，粉絲們在該則近況中的討論會引起更多人的關注，有時候可能只是某個粉絲發表了一些個人觀點，該觀點卻不為其他人所接受，此時其他粉絲會跳進來一起互動，你一言我一語的狀況下，粉絲專頁「正在討論的人數」不僅會有明顯增加，其擴大觸及的比例也會拉大。

e. 經由誰分享的內容觸及人數最高

每個粉絲的權重相較於粉絲專頁來講都不一樣，有的粉絲背後有數千個朋友，他的朋友又都很常黏在Facebook上。我在進行內容分析時，就會去找出哪個粉絲他的分享可以引起較高的觸及，從這些觸及再去看他的朋友圈在該則被分享出去的近況又投入多少互動，掌握了這些具有影響力的粉絲，粉絲專頁每一則內容被散播、擴散出去的效益也會提昇。

f. 哪些粉絲比較會主動發訊息互動

我看粉絲專頁經營的好或不好，其中一個指標就是看粉絲發訊息過來的頻率。有粉絲會主動發送訊息的粉絲專頁，代表該粉絲專頁的粉絲特別會在意與經營者之間的關係。當然，有些是粉絲發廣告訊息過來，不過往好的角度想，有些粉絲會針對過去發布的內容來請教，甚至有的粉絲還會給予內容設計走向的建議，這些粉絲對粉絲專頁來講尤為重要，有他們固定的支持，粉絲專頁才得以經營的長久。

【Step 10. 互動炒熱氣氛】

粉絲專頁是社交媒體的一部分，既然是社交媒體，自然在線上能有互動是再好不過的事情。但不是每一個粉絲專頁都能夠有高互動，尤其是單純針對銷售的粉絲專頁，但只要有心、有毅力，願意花心思在文字上去設計一些巧思，一樣能夠吸引粉絲參與互動。

a. 自然雙向互動

這邊是指經由妥善的議題設計與內容製作或轉發，自然引起粉絲投入的互動。此種情況一般來說都是內容本身就極具有渲染效果，粉絲們在看到後想發表一些感受。例如攸關自身的時事議題，在粉絲專頁之中適時發布，能夠讓權益遭到影響的粉絲們產生一些感受，進而想將這些感受發布出來與其他人分享，其他的粉絲看到有粉絲分享自身觀點後也會跟進再投入留言。一來一返之間，留言只要持續有人炒熱，互動的數量也會增加。

b. 多元角色扮演

沒有粉絲主動投入互動之前，經營者得先適當扮演自說自唱的人。自導自演沒有什麼不好，通常只要有人互動給了些意見，其他粉絲看到後，易被挑起想要分享看法的欲望進而留言討論，那也不失為一種拉抬粉絲們互動的手法。只是在多元角色互動的操作上，建議用多個不一樣的帳號來運作，如果只是用同樣的帳號互動，太容易被識破，反而無法引起粉絲們的注意。試著用不同的帳號，設計出不同的發言個性，可以適時的給粉絲專頁注入互動的活水。

c. 投入樁腳互動

所謂的樁腳講難聽一點就是串通好的對象，好聽一些就是好朋友，這有點像是角色扮演，但不大一樣的地方在於用樁腳可以較為自然一些。請他們互動同時可以看看他們的觀點是什麼，在這段關係的建立過程中，有時候是實質利益往來，有時則是純粹因為認同粉絲專頁，變成死忠的支持者。只要透過妥善的私下互動，每當粉絲專頁有近況發布，都能令對方願意忙分享以及留言，那也就是我在經營粉絲專頁時所強調的「找出支持的基本盤，會是經營粉絲專頁長久的基石。」

d. 觸發意見領袖

有些人不像是樁腳一樣能夠透過互動的方式建立關係，這群人有自己的想法，而且很清楚自己想要談的題目與內容是什麼，只要議題對了，他們會自動跳入參與。這群意見領袖，因為平常就很喜歡在各個不同的社交媒體發布個人看法，本身就會擁有不少的支持者，經由他們在粉絲專頁內的互動，不僅可以吸引到原本支持他的人，同時也會因對方在網路的影響力，影響更多人一起投入參與互動。

經營粉絲專頁要做的事情很多，想要經營出一些具體成果，勢必要投入許多心思與時間，懂得想要透過粉絲專頁得到什麼，相對就應該不難理解要付出些什麼。在這之間，如何拿捏看的是粉絲專頁經營者的想法與觀點。世界上少有一夕成功之事，很多都是得經年累月的投入才看得到回報，經營二字就是這個道理，先懂得這個道理，之後再來花心思投入研究經營，去突破經營的障礙與困境，才會有前進的支撐點。

2.5 經營粉絲專頁，粉絲質量為首要

「粉絲數成長數變低，再者因臉書持續調整演算法造成觸及越來越少，該如何因應會比較適當？」學員問到。

我特別強調，經營粉絲專頁技巧何其多，但重點還是在於「社群經營」、「內容經營」之中，千萬不要忽略粉絲專頁耕耘的是與粉絲之間的關係，粉絲不是純粹被利用來當導流量的工具。

【溝通「粉絲質量」】

每個粉絲都是真的人，而每一位粉絲都會有多寡程度不一的朋友，以及他們都各自使用Facebook的比重、時間、頻率。所以理解粉絲有的會比較活躍、有的會比較孤僻，有的只喜歡看、有的很喜歡分享、有的很愛到處點讚，有的只對自己欣賞的觀點才會下手，每個人都有自己的個性輪廓。

「養粉絲請不要執著在人數多寡。」

了解「粉絲質量」後，我想強調的是「重質不重量」。至少，在粉絲專頁建立初期，從零開始的那一刻起，量不會

是優先考量，反倒是「怎麼在還沒有人氣與優質內容時就找出那些真正支持、喜歡這粉絲專頁主題的粉絲？」比較重要。我常講，0到1最難，1到100是時間問題，100到10,000是堅持態度的展現，10,000到100,000那是用心付出的回饋，100,000以上則是做好事有好報。

「有些粉絲專頁粉絲數能在很短時間衝上來，內容沒什麼可看性，又該怎麼去看待？能學他們只衝粉絲數嗎？」獲取粉絲數方法很多種，弄清楚想要什麼就得付出相對代價。粉絲數也有廠商一次十萬個讚在賣的，想要感受數字表面的滿足那就去追求。至於做了之後，會帶來相對多的負面代價或後果，不得不謹慎，尤其還是想花心思好好經營粉絲專頁的人。

請記住，令每個加入粉絲專頁的粉絲感到有實質意義，以及理解為了什麼題材、主題、內容想要加入，如果那理由在粉絲心中可以是：「我覺得這粉絲專頁還蠻有內容的、挺有內涵的、相當用心在經營的。」這樣，粉絲才會在想起你的粉絲專頁，卻好像很久沒看到PO文的時候，點下自己喜好的粉絲專頁頁面，看看最近有沒有新動態值得跟進。

回到主題上，我整理出幾個學生常問到的問題：

1. 粉絲專頁發文被看到的比例降低、觸及也降低。
2. 粉絲投入互動的比例偏低，每一則點讚都好少。

3. 粉絲數的成長大幅減少、降低，甚至退出人多。

我直接講作法，試著間接的解答上述三點疑惑。

我經營粉絲專頁的步驟，在企畫階段會分成三個工具應用：

1. 多官方個人帳號
2. 同主題分眾社團
3. 粉絲專頁多主題

接下來，我用一個實際的經營情境，來解釋這三者之間的關係，也許會比較容易理解跟了解。

「粉絲分眾，多方帳號。」

通常，建立粉絲專頁時，我會先去思考這個粉絲專頁比較容易引起「哪一類人的興趣？」以及「這類人會想看這個興趣之下的哪些主題內容？」

這件事情先想通，其實就已經完成「粉絲分眾」的工作。提醒一下，**粉絲分眾的意義在於能夠深化經營以及凝聚共識，最後轉化為擴散出去的力量**。至於這作法怎麼進行，我接著解釋。

興趣 → 主題 → 內容 → 分眾

建立「多官方個人帳號」的一個理由是：「將曾產生過互動並相對活躍的粉絲加入好友，以及眾多粉絲裡如有影響力夠大之意見領袖加入時，透過官方個人帳號加入好友，建立更深互動、社交關係。」

運用「多」官方個人帳號的原因是：「用不同帳號加入不同主題分眾出來的粉絲成為朋友。」做這件事情的意義在於「**同時間讓之後不同帳號的經營者知道，用什麼角色去跟那群朋友互動、轉分享，以及更符合那些朋友們想看的主題，令帳號的存在更貼近粉絲。**」

另外，無法透過官方帳號深度互動的粉絲，請詢問其意願，將其統一匯聚到「分眾社團」之中。運用Facebook分眾社團，一個是強化粉絲專頁發文被再次看到的比例，並透過一對一的方式進行討論。具體一點講，社團好比一般討論區一樣，不是純粹用來貼文發布，是可以多跟社團成員戶動，尤其Facebook近期加強社團的功能，不僅有洞察報告還可以發布商品銷售貼文，可見Facebook特別將社團能持續擴充中。

另外，因為已經做分眾，所以在每個不同的社團裡，雖然都是貼同個粉絲專頁內容，但是卻可以分主題去發，這樣可以凝聚與社團成員之間的關係。像是各類活躍的團購交易社團，引起非常多人的主動加入。一如先前所說的，人們會找尋自己感興趣、想多看的主題互動，而Facebook社團購物，藉由網友間的互動，變得越來越熱鬧，而且Facebook在演算法上，對社團貼文給予不錯的曝光率。雖然導流效果可能還是不佳，但是在集客團購上，經營得當，效果可能會出乎意料的好。此外，另一個重要目的是可獲得「社團成員名單列表」。因為，粉絲專頁加入的人再多，你永遠不清楚到底有哪些人存在。

【觸及太低要怎麼救？】

當粉絲專頁發文了，觸及太低，其原因百百種，包含了當下在線上的人少、同時間發文的粉絲專頁太多、粉絲剛好在忙沒有注意到、載入塗鴉牆的內容太多以致於內容被忽略等等。可是現在，因為上述的狀況，你可以做到：

1. 用官方個人帳號分享符合其主題設定的粉絲專頁內容。
2. 在分眾社團中將符合其主題的粉絲專頁內容分享進去。
3. 因為是官方個人帳號加入的朋友，所引起互動的機會變高。

這樣，粉絲就會有三次看到內容的機會，當然，前提是建立在「花心思與對方溝通互動，站在社交關係的基礎上，真正做好彼此互相關心、互相需要的前提；不是用大量點擊、刷人頭名單、亂灑內容的方式來建立關係。」這心態一定要正確，不然這樣做一定不會有效果，反而會惡化與粉絲之間的關係，妥善的去經營人際關係本當就得花心思，不該隨意對待之。

「要經營才能增加動態出現在粉絲塗鴉牆上的機會。」

原本，只是自然的出現在粉絲動態塗鴉牆上的內容，現在因為特別「經營」過，他們看到的管道增加三種可能，加上廣告一共四種。

1. 自然出現在粉絲塗鴉牆上的內容。
2. 官方個人帳號分享出現在粉絲塗鴉牆上的內容。
3. 分眾社團分享出現在粉絲塗鴉牆上的內容。
4. 廣告設定過後出現在粉絲塗鴉牆上的內容。

也許你會覺得「一個人看到的內容會不會太多？」

如果擔心的話，可以掌握以下幾個原則：

1. 不要在同一個時間一起轉專頁內容，讓接觸機會平均分布在不同時間。
2. 同一則資訊常常很多人一起分享，同一則資訊很多朋友分享會收合。
3. 先摸熟粉絲在線的時間再分享較好，分眾會比較容易了解粉絲作息。

一般來講，我經營官方個人帳號，會將加入該官方帳號的好友中，互動率高也活躍的人，放入「摯友」的分類，如此可看到這些粉絲們貼文，了解他們在想什麼、期待什麼。

「掌握粉絲們按讚和留言的習慣。」

為什麼要這樣做？因為：

1. 我想知道他們除了我們的內容，平常還對哪些內容有興趣？
2. 他們對於我的競爭對手，通常會採取什麼樣的態度與應對？
3. 這些人有沒有什麼共通興趣、共通嗜好、共通朋友等特性？
4. 他們是按讚的比例高，還是留言，或是分享？

5. 每個人活躍時間的分布各別是如何？哪些人在白天、哪些人在晚上？

每個在粉絲專頁建立初期的粉絲，都必須要很重視，因為他們在這粉絲專頁還沒有什麼可看性的內容時，就選擇加入，要不就是對這主題很期待，要不就是對那看到的內容很喜歡，要不就是很挺的朋友。所以，只要人加入我都會心懷感激加入他們做好友。

除此之外，我的發文會因應主題區隔，去關心「哪些發文」是「哪些人點讚或產生互動」，再點進他們個人頁面。先去關注他們本身在乎的議題，了解他們平常喜歡談論的話題是什麼，一如真正交朋友一樣，最後才是去關注「朋友數」以及「每則發文頻率與互動率」。

【為什麼要關注朋友數？】

擁有越多朋友的粉絲，相對影響力會較大一點，但這不是絕對，還是得看他的發文頻率以及跟他互動的朋友的狀態。簡單的說，如果該位朋友的朋友數量很多，而發文頻率高、發文次數多，每一則發文都有不少朋友互動，那這個人可以判斷是Facebook的相當程度倚賴者、使用者。

「什麼是『相對影響力』？」

如果有一位已經是你官方個人帳號的朋友，也是粉絲專頁的粉絲，此時，官方個人帳號跟他經營的關係不錯，他也相當熱情，當你在官方粉絲專頁發了一則貼文，接著，用「發訊息」的方式，跟他分享這個消息。他看到後覺得內容真的不錯、有趣、好玩，再幫你分享給他的朋友看，而他朋友又多，也因此該則貼文的觸及也會間接提昇。這有個前提，用官方帳號不是每次都拿訊息來洗那些朋友，而是「定期彙整、整理」出重要、粉絲會感興趣的內容。

我通常會將二到三天重要的粉絲專頁貼文，以符合他的主題，整理成一包「懶人訊息」。裡面大概放五則，分別有標題、一行摘要、一個短網址，然後五則堆一包，分享給該官方個人帳號裡的朋友。不會同時發給所有人，而是挑一批人出來，在不同的時間發，下一次再換另外一批人，依此類推。每個官方帳號都可以讓不同的人來經營，但經營久了，要間接拉高粉絲專頁的觸及倒也不會是太難。

「社團就是經營VIP客戶的場所。」

比起大眾式粉絲專頁接受各地來的粉絲，我會比較傾向將那些真正在乎粉絲專頁的粉絲聚集在一起，額外提供他們一些比較不一樣、區隔過的內容，當然他們要分享出去也可以，不過社團可以封閉起來討論，因此溝通的議題能夠比較多元、多樣、多面向，甚至，用社團來辦網聚，進一步做實體活動結合的平台。

內容露出的管道變多了，又因更深度貼近每個粉絲身邊，再加上分眾式經營，要黏住粉絲的機率提高了。此時，不論FB要怎麼調整動態時報上的演算法，都不影響我與這群人的關係。畢竟，我在社團裡有名單、官方個人帳號裡有名單、透過實體活動獲得更多情感、情緒交換的機會，社群經營不再只是純粹的粉絲追逐，而是「因為我在乎你，願意站在你身邊傾聽你的想法，並把我的想法回饋給你」的一種建立於虛擬的真實情感互動。

【經營臉書官方粉絲專頁還有意義嗎？】

很多經營粉絲專頁的經營者，認為臉書持續改演算法，造成發文接觸粉絲比例大幅降低，這樣還有經營的必要嗎？我個人看法是：「如果，你連網站都沒有的話，有個粉絲專頁至少還有人看得到相關內容，妥善運用短網址令人好輸入，一樣可以扮演官方網站的角色。」但請記得，要是已有網站，應該花心思將流量導引到網站去，而非在粉絲專頁上。粉絲專頁因動態時報上顯示內容的演算法不斷調整修改，導致粉絲專頁的貼文不容易被看到，其背後主因又來自於粉絲與貼文之間的互動沒有增加，造成惡性循環。

我認為，主要原因不外乎是「經營粉絲專頁的人越來越多，有的人一次經營數百個、數千個，到底哪些是真正對臉書使用者有意義的資訊，才是臉書現在正在做的事情。」試想，要是塗鴉牆上滿滿都是粉絲專頁的內容，而自己朋友的消息幾乎看不到幾則，這樣的社交媒體還會有人想來「社交」嗎？因此，臉書才會在2018年初提到要回歸社交本質，強調人與人之間的互動，令臉書可以變成讓人們多加互動的服務。

「臉書真正的作用是在實質的內容上。」

以前，沒有臉書這麼即時的動態資訊機制，大家想看什麼內容，大多是將喜愛的網站、部落格加入最愛或訂閱RSS，透過這種方式取得該網的內容。但臉書的動態塗鴉牆，會自動出現各式各樣的資訊，讓人們漸漸改變過去找資訊、挖掘資訊的習慣，形成了被動的接受資訊，主動去看的比例變少。

簡單的說，塗鴉牆上有看到那就看到，沒看到就當做不存在，要使用者主動點個網站或是去搜尋一下曾去過的粉絲專頁，相對比例降低。

換個角度來看，或許臉書期望粉絲專頁的經營者可以更用心在內容上，讓那些曾經加入過的粉絲，因為內容真正喜歡上該粉絲專頁，而在他們的塗鴉牆上沒有看到該粉絲專頁最近的相關貼文動態時，可以主動點擊到該粉絲專頁之中，讓粉絲跟粉絲專頁之間所建立的關係綁定得更緊密。有意義、有價值的內容才會被更多人發現，而非被動的坐等在原地期待發了文後就會有一堆粉絲自動看到。

從塗鴉牆上的內容結構來看，現在所分布的內容大致上分為：

1. 朋友的動態貼文

2. 動態貼文的相關訊息連結

3. 贊助廣告

4. 粉絲專頁貼文

5. 已加入社團的集合式貼文

雖然不過只有分成五大類，但在這五大類裡，我個人認為朋友的動態貼文所占比例至少不會低於70%，而贊助廣告大概是10%到20%之間，至於粉絲專頁可能不到2%的比例，社團則應該有8%之高。所以有人認為現在經營粉絲專頁就一定要買廣告的看法，我想倒也沒有錯。

回過頭來，為什麼臉書要採取這種策略來降低粉絲專頁貼文的能見度？多年觀察下來，真正在用心經營粉絲專頁的人少，而互動少、留言少、分享少，其影響的關鍵全在於「內容設計不當」，講白話點就是「貼文全是廣告性質的貼文」，無法引起粉絲注意，粉絲專頁被看重的比例會降低。

那到底該不該繼續經營官方粉絲專頁？

我想這問題應該回到「你準備好要跟你的目標受眾溝通那些他們所在乎、在意的內容了嗎？」如果是，必當去做；如果不是，那你又期望跟粉絲建立一段什麼樣的關係？

現在不只要考慮粉絲專頁，**趕緊從社團經營下手，用社團凝聚與粉絲之間的關係，透過一來一往的互動，將主題明確定義好，社團必然可以帶來更多的效益**。而且，在社團上要開團購物，如主題明確與商品溝通與特色足夠，事實上會有很多成員整天泡在社團之中，找尋可以購買的商品。而且，有些人還會將買了商品的心得，回覆到社團之中，令社團的互動變得熱絡不少。特別是，社團似乎是臉書想要著重強化的項目，藉著臉書讓社團貼文都能被看到，好好經營必然能帶出一些不錯的成果。

Part 3
社群真的能集客嗎？

3.1 社群與社群行銷是什麼？

【「社群」無所不在】

社群，並非只存在於網路時代，從「人們匯聚成為群體」的那天起就有。當人與人之間有溝通與交流後，因共同的認知與意志而匯聚了一群人，就稱之為「社群」（Community）。

社群，一直存在於你我之間，當我們進入人群之中，無形間已成為社群裡的一分子。而社群中有同樣特定興趣、喜好的人集結在一起，則會另集合成為族群，同族群的人因共同議題與認知相聚、相知、相識。換個角度講，也有人稱之為分眾族群，其目的性一致，凝聚力較強，對於主題有著共通相似的認知。

「社群擁有病菌般的傳播力量。」

在現實世界裡，人們早已習慣透過口語傳遞，交流各種有意或無意加以包裝的行銷訊息。透過語言、資訊、內容的傳遞，經由另一個人或一個群體的接收，產出具影響力的效應，並持續對外擴散至更龐大的社群，內容或語言均變成具感染力的病菌，社群成為擴散該病菌的溫床。

一句從口中話說出去，不論聽的對象是誰，在資訊被接收到的那刻起，該句話就已經在對方心中產生某些意義。

相對於現實，網路社交領域裡更是單純地會因為想法交流，而顯現出許多不同類型的資訊互動，形成各式各樣不容易捉摸的漣漪或反應，即所謂的「社群效應」。尤其網路社交媒體上不少資訊都幾近透明清晰，可卻虛實難以判斷、定奪，不論最後是什麼樣的資訊被傳遞到社群裡，總會引起各式各樣不同的效應。

「懂得社群需要才能引起共鳴與認同。」

社群是個「有機體」，能廣泛接受自然、有機的事物，但對於那些不自然、刻意偽造的人工物質則會排斥，例如由企業雇用的網軍刻意吹捧某些特定商品或是事件。

以「選舉」來舉例，台上的演講者或候選人就是「意見領袖」，而台下參與活動、激情互動的是「樁腳」，至於那些因「意見領袖」所提之觀念、倡導之言論而聚在一起的人則是「社群大眾」。

社群大眾因為特定的言論、意見、觀點或看法而被聚集起來，甚至為此而被引導、打動等，稱之「議題操作」。

台上講者言情激動，台下人士的情感與感知被「觸發」

並產生「共鳴」，直接性的感情宣洩，轉而投入共同營造出的「相互認同環境」中，社群大眾進一步參與，無意間透過本能呼應、回應了台上演講者，社群因為有了「參與」及「雙向互動」。議題不僅具有意義更有其「影響力」，這層意義將會深深烙印在「拋出議題」與「接收議題」的人身上。像是選舉時，在台上的候選人喊出「這樣做好不好啊！」而台下人們異口同聲回應「好啊！好啊！」在這一來一返之間，沒有太多複雜的思考，而是純粹用直覺回應，則

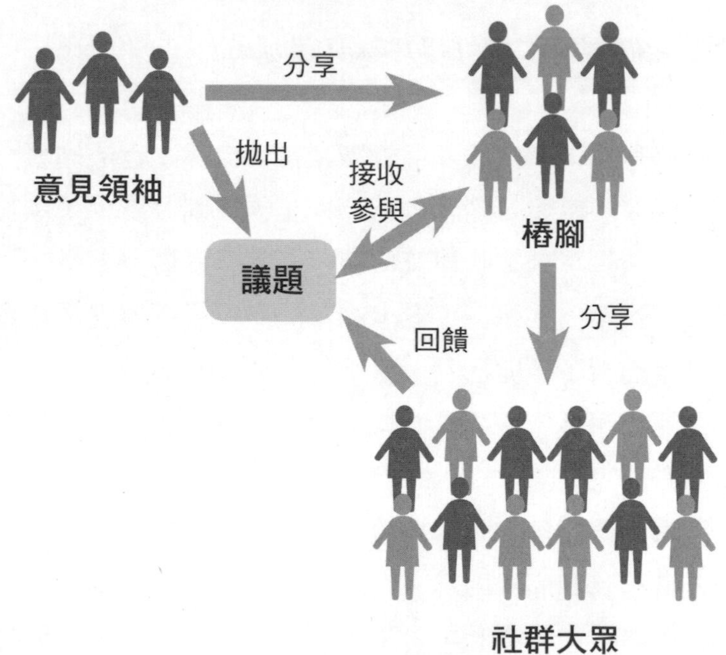

是在議題操作過程中，烙印到對方腦海裡成為一印象深刻記憶，最好的一種印證。

因應社群中人需要而生的話題，了解社群中人所在意的要素，才能引起共鳴，唯有依循社群中人在意的要素才能與社群共生、共存。

【社交媒體強力催化網路社群發展】

一群人聚在一起，如獅子會、扶輪社、商會、協會等，只要群聚的人變多，群聚之處陸陸續續地就會向外散播、傳遞資訊，逐漸成為「社交媒體」。廣義來講，社交媒體可以是實體世界的一群人，一群為了共同主題而存在的人。場景轉換到網路，則可以是某個平台、某個服務，例如Facebook是社交媒體、討論區是社交媒體、部落格匯聚足夠人氣也是社交媒體。社交媒體主要是可以讓人們交流、互動，並且分享自己的看法，進而在群體之中取得關注。

社群有了媒體功能後，團體就會開始招募志同道合之士或是宣傳組織核心意念，試圖「凝聚」更大的力量、做更多事，而向外「擴散」發布訊息，如製作會刊、期刊、會員名錄、活動實錄等。所謂的媒體功能，意指媒體具備傳播力、影響力及號召力，透過這些媒體功能，能讓資訊傳遞到更廣的範圍，接觸到更多的人們，進一步透過內容在閱聽眾心中留下一些意義。

同樣的情境轉移至網路世界，網路社交工具催化了網路社群的發展，社群不再受限於工具、媒介，人們之間的溝通距離被大幅拉近，往來傳遞的資訊也經由網路社群媒體進行大量交流與互動，淬煉出更多超乎人們所預期的事物，也觸發了「口碑行銷」、「銷售意圖」、「品牌認知」，或更深層的「彼此互相需要」、「心靈與情緒上的滿足」等在社群內發展的可能性。網路社交工具現在非常多種，像是Facebook、IG、Line、PTT、討論區、部落格、群募平台、直播平台、歌唱比賽APP、手機連線遊戲、YouTube都屬於社交工具的一種。

社群一直存於你我身旁，並非是因為有了特定網路社交工具後才出現，不可否認的是因為這些網路社交工具，加速催化整體社群之發展。

【社群行銷的本質始終如一】

如前所言，社群擁有病菌般的傳播力量，運用得當，是很有力量的行銷工具。「社群行銷」並非近幾年才開始出現，而是一直都存在未曾消失過，只不過因網路媒體或工具的轉變，形式不斷變化與演進，可是本質從未改變。

網路時代，人們要建立或破壞一段關係變得很快、很容易，看似拉近人們距離的網路社交工具常常反倒讓人心離得更遠，了解人心成為社群行銷的重點之一。

「社群行銷的關鍵在於『理解社群本質』。」

社群是由人所組成，每個人的看法、想法都不同，但大多時候人們對「議題」有「共同興趣」，如能善加運用「議題行銷」，計畫性地將相關資訊傳入社群中，觀察社群反應，並視反應適當地修正議題，採「追加內容」或「回饋性內容」來引導人們對該議題的看法，引起共鳴後的呼應，即達到社群行銷的基本意義。

社群中，人們往往會因為興趣、嗜好、好惡等群聚在一起，形成「族群」。人們喜歡從彼此共通的興趣之中取得互相需要的理由，藉以彰顯出自身存在的意義與價值，甚至為此在該群體中爭取相對的階級與地位，從中獲得心理與生理的抽象或具象滿足，即便那不過只是文字或純粹感受上的傳遞。

我認為，理解社群（包括社群中的族群）本質以及參與者的心理是推動社群行銷首要理解的課題。因此，於社群之中要運作任何行銷，正確方法是依循不同社群的特性、屬性，投以相對符合該社群性質的資訊內容，也就是說溝通方法要對頻，不能自顧自的講，而是要投其所好說對方想聽的。

「社群行銷」最重要的觀念不在於刻意去宣傳或強加任何資訊進社群裡，反而是順應著社群的發展，依循著社群的前進方式，給予社群中的人們適當、適切、適合的資訊，這類型的資訊因符合社群的性質，相對比較能夠令社群中的人們接受，願意繼續參與後續的資訊（議題）發展。

換句話說，**社群行銷最重要的關鍵**不在操弄、玩弄社群，而是**去理解社群中每一個人的相似本質，找出該社群中能夠引起其「共鳴」的「進入點」（Break Point）**。

「成功的社群行銷必須讓自己融入社群中。」

了解社群之後，再去理解其實際運作的方法、方式，要怎麼在其中產生一定的影響力，才是社群行銷至關重要之處。

不少企業或行銷人認為「社群行銷」效益不彰，無法有效看到從社群而來的成效。我認為問題出在「**被賦予任務去經營社群的行銷人員，並未意識到自己應該成為社群的一分子**」，遑論深入參與議題發酵，以及引領同社群的人發展一致的觀點、看法、想法，再進一步與社群之間明確出一種「共通認知」。例如，在社群之中，常有同溫層的說法，以政治為例，當政黨為藍營的人，在Facebook上罵綠營的人做事不好時，而綠營的人無意看到該則貼文後，參與反擊。此舉，則會引起其他藍營的人群起圍剿，甚至號召其他人一起來參加，這就是所謂的共通認知，人們會群聚起來捍衛自己在意的共通議題與觀點。

行銷或廣告的主要目的在於「資訊傳遞」（傳播）與「訊息擴散」，只不過在社群之中，這個傳遞動作包含了更多意義，如「雙向互動」、「資訊不對等」、「觀點對立」、「認知相呼應」、「價值不對等」等溝通技巧的使用。

社群參與者通常會對一個個被拋出來的議題進行討論、互動，而產生許多對應、關聯，甚至對立的資訊，這些資訊廣為人們分享、擴散，直到包覆整個社群，深植為社群的一部分。社群的力道因為這些資訊的傳遞，反饋至每個社群參與者身上，不論力道強弱，人們必然都能因而感受到一些推動與不同。

要達到理想的行銷效益，應先認清社群的本質，並融入其中。社群行銷必須是專屬於社群或族群裡的一部分，人們的意志不能被左右，但卻會因為社群的感染與渲染，而形成一種群體共知的參與意識。

社群行銷理想的狀況是，在「共通認知」下持續引發共鳴。要引發共鳴不能單單只靠投放廣告或傳遞一段宣傳訊息，它必須是不中斷、持續穩定地進行互動，讓人們願意聽你發聲、傾聽對方反應、成為對方的一部分，最後影響對方於無形之間。

3.2 如何用社群操作行銷？

【有社群就有行銷】

「社群行銷」一直都存在，並非今日才有。一個人變成兩個人就是最原始的社群，團體內的溝通、互動及傳遞的資訊都可視為行銷宣傳行為，而早期實際發生的「社群行銷」或稱「社團行銷」（Community）多發生在某公司員工舉辦的社區聚會中，藉機分享產品訊息。

社群行銷一開始做的是「凝聚匯集」而非「擴散渲染」。

社群行銷（Social Media Marketing）的實務觀念

社群行銷並非只侷限在Facebook之中

社群行銷通常不會只在一個社交媒體上運作

運作一定有目的，必然有議題可呼應。沒有目的動機存在的社群行銷運作難以有成效

【社群行銷究竟如何開始？】

「社群行銷」要如何開始？請部落客寫文、到各大論壇貼文、經營FB粉絲專頁、上傳一段自拍影片，或是去知識問答平台自問自答……。以上都是，只要建立在「社交媒體」上的行為，帶有某種意圖，無論是否具商業性質，都算社群行銷。

由於社群行銷是「組織行為」，只派一個人做，效益必然有限，若要在一定的時間內獲得成效，即必須組織相當程度的人力，在連續的時間裡進行連續性的操作及引導，有組織性地管理及監控整個「社群生態系」。

社群行銷該如何組織呢？基本上，整個社群行銷的分工應包含以下幾個角色：

社群行銷的組織架構

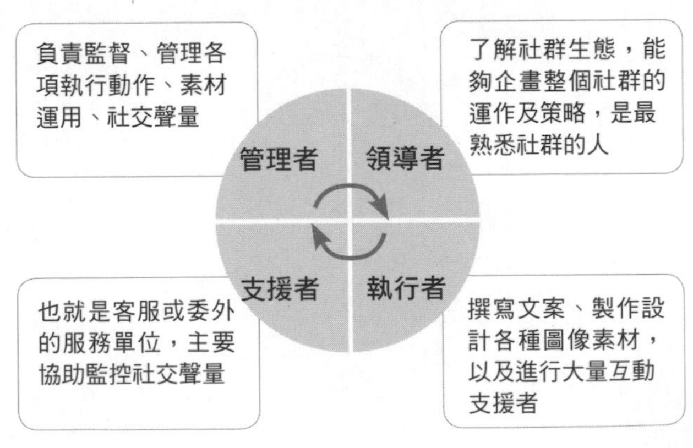

了解社群行銷的分工後，再來了解有哪些工作需要做：

社群行銷的工作

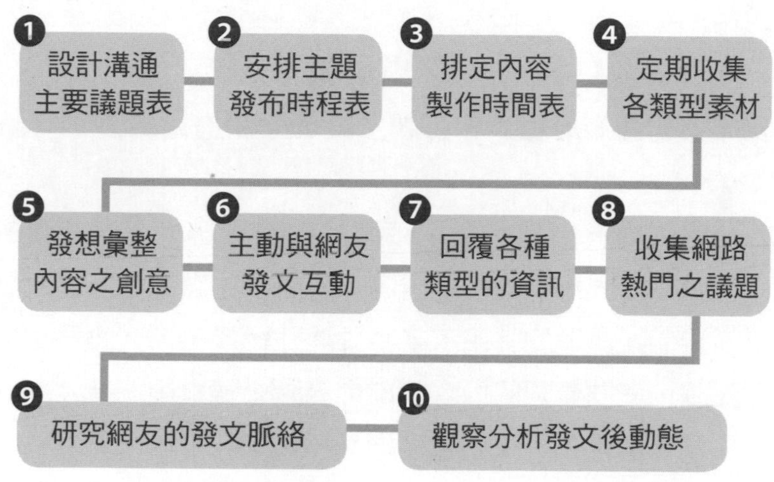

「議題走期表以一季為主要議題，半年為一個主要目的。」

發文一定有目的，「議題」就是目的，如槓桿原理中的支點，為內容發展的核心主軸，視目標對象的特質、特性、屬性而異，可確保溝通時不偏、不歪。

一般來說，議題走期以一季為主，因為單次、單日、單月的溝通，人們的「印象」與「認知」不一定夠，以一季

（三個月）為操作單位較易看出效果。以右圖表為議題走期表，半年為一個主要目的，然後每季設計一個主要議題，再來是每個月有不同可以操作的主題，然後變成每週要去溝通的內容。

「安排主題發布時程表，主題企畫依分類進行。」

主題依附於議題之下，每個月都要安排大主題、小主題，甚至可細列每天的主題內容，所有的主題都必須圍繞議題，不能偏離議題的訴求。妥善設計好議題，多元發展主題並不困難，網友看到的內容就不會混淆、混亂。

主題企畫可依照下列重點進行分類：

1. 主題企畫：建立與議題相關的主題。
2. 人物企畫：依照主題尋找代表性人物。
3. 專題企畫：與主題有關的時勢議題。
4. 特別企畫：廠商合作或特殊的主題。
5. 系列企畫：帶狀、重要的議題持續討論。

「議題走期表」以週為單位，安排每週、每天的不同時段要發表的主題，有了這張表，自然而然就知道每週要發表的主題有哪些。另外，隨著主題進行的「社交媒體發布狀態表」也要做好做滿，每個主題發布到哪些「社交媒體」上，

議題走期表範例

Purpose 目標 (a half year 半年)											
Agenda 議程 (1st Season 第一季)											
Subject主題 (1st Month第一個月)				Subject主題 (2nd Month第二個月)				Subject主題 (3rd Month第三個月)			
Issue 發布 (Week)	Issue 發布 (Week)	Issue 發布 (Week)	Issue 發布 (Week)	Issue 發布 (Week)	Issue 發布 (Week)	Issue 發布 (Week)	Issue 發布 (Week)	Issue 發布 (Week)	Issue 發布 (Week)	Issue 發布 (Week)	Issue 發布 (Week)

Purpose 目標 (a half year 半年)											
Agenda 議程 (2nd Season 第二季)											
Subject主題 (4th Month第四個月)				Subject主題 (5th Month第五個月)				Subject主題 6th Month第六個月			
Issue 發布 (Week)	Issue 發布 (Week)	Issue 發布 (Week)	Issue 發布 (Week)	Issue 發布 (Week)	Issue 發布 (Week)	Issue 發布 (Week)	Issue 發布 (Week)	Issue 發布 (Week)	Issue 發布 (Week)	Issue 發布 (Week)	Issue 發布 (Week)

發布時間、發布帳號、登入IP、發布主題、發布內容、回應帳號等都要詳細記錄，做好管理，以便之後不同人操作時方便沿用。

這些簡單的表單可以幫助從事「社群行銷」的人避免出錯或意外被網友抓包、找麻煩。

社交媒體發布狀態表

發布平台	代號	發文帳號	發布板塊	版主帳號	預計發布主題	發布時間	回應帳號	回應方式	回應頻率
A	BA0001	A12345	TV Game	IamGod	有誰知道玩VR還可以瘦身的方法嗎？	2016/6/20	A12346	有人回應就主動蓋樓	2小時回一次
B	BH0001	A12345	TV Game	IamGod	有誰知道玩VR還可以瘦身的方法嗎？	2016/6/20	A12346	每發文就說謝謝分享	半天才回應
M	M0001	A12345	TV Game	IamGod	有誰知道玩VR還可以瘦身的方法嗎？	2016/6/20	A12346	有人回應就主動蓋樓	2小時回一次

而帳號管理表用來管理在每個論壇上的帳號狀態。帳號發文時要注意的事項、帳號的個性，以及發文時應該要怎麼發文。每個帳號都可以提供給不同人登入，登入會有記錄，這樣就會知道哪個人登入哪個帳號，發布哪些討論的文章，或回應到哪邊去，以及有沒有哪些其他網友的帳號特別會來找麻煩的。

各平台帳號管理表

網站	代號	帳號	帳號描述	帳號個性	帳號發文次數	收入精華	最後發文日期	備註
A	BA0001	A12345	逗點符號只用半形文字	比較愛挑釁	185	15	2016/6/1	曾經和某某版主結過怨
B	BH0002	A12345	每句話都要斷行不打逗點	自視甚高，喜歡高談闊論	185	0	2016/6/1	之前有刻意跟人筆戰，有不少人支持
M	BA0003	A12345	正常，用全形逗號	一般人，發文較平穩	185	5	2016/6/1	發文頻率較高，不是太有特色

「排定內容製作時間表，製作大量內容。」

內容製作時間表的重點在於排定每天製作內容所需的時間，以「週」單位，又稱「每週工作計畫排程表」。

由於內容的形態多半都是文字，加上照片、影片與音樂，所以製作內容的主要工作是「撰文」，再用心一點可努力「拍攝」合適的影片或照片，這些基本工作堆砌出網路的基礎——大量內容。

製作團隊裡每個人需要的工作時間都不同，因此時間表須列明工作項目、執行者、起始時間、結束時間、耗費工時、交付對象、存檔路徑等。

內容發布計畫

類型	平台	標題	關鍵字	發布頻率	撰文者	內容型態	效益目標	發布日期1	發布日期2
論壇	A	瘦身	雕塑	3	Jack	心得	瀏覽數：100 回應數：30	2016/1/2	2016/1/2
FB	社團	瘦身	雕塑	3	Mary	心得	按讚：100 分享：10 留言：5	2016/1/2	2016/1/2

「定期收集各類型素材，隨時都有靈感來源。」

想要製作精采內容，就不能沒有素材，有趣的圖片、生動的文章、精采的創意文案都是素材來源，平常就應該多方收集、整理及歸納，以免臨時要發想時，想不出來！

偶爾找不出內容製作的方向時，也能重製或參考現成的素材，譬如「網友在社交媒體上因互動產出的內容」，這類內容充滿了個人色彩、獨有想法、道地創意，沒想法時，不妨參考這些想法，加強、加料、重新創作成一篇文章、短篇漫畫、趣味影片等，會更吸引網友的注意與回應。

「發想彙整內容之創意，透過關鍵字發揮創意。」

內容要豐富、要多元、要吸引人，創意必不能少，但

「創意」常常是越需要越擠不出來，所以創意的資料庫夠不夠豐富很重要，點子、想法存多了，可去蕪存菁、重組創新，激盪出新思維，有助於內容製作。

我存檔創意的方式是，一有想法或聽到有趣的事就馬上用文字記錄下來，並加註說明吸引我的點為何，然後將創意分類，甚至畫成圖像，加強記憶，以便日後用時可以快速聯想到。

創意的取得還可以透過「關鍵字」，我會先詳列與主題內容有關的所有關鍵字，再將部分組合成流程、順序，部分用圖型、圖表、圖示表示，盡量在多種不同的想法之間激盪出可能的創意後，再動筆，如此一來，很多原本壓根沒想到的創意也會因應而生。

「主動與網友發文互動，讓內容自然增長。」

有了主題內容與不錯的創意後，接下來就是主動到不同的「社交媒體」去發文。由於不同的社交媒體對字數、附圖、排版等有不同的限制，會影響發文的內容形態，因此發文前必須先了解該媒體特性，再透過持續、不間斷地發文，為「帳號」塑造專屬性格。

而越注重發文內容的「質感」，就越吸引網友回應、互動與支持，一來一往間會產生更多「社交自然增長內容」，日後也可能成為內容製作素材的來源。

「回覆各種類型的資訊，增加被看見的頻率。」

經營社群其實經營的就是與「一票人之間彼此互相需要的關係」。

許多人每天都會在各大「社交媒體」中留下不同的訊息給不同的對象，而我每天都會花時間逐一回覆這些問題或訊息，除可引起網友注意外，也是為了在這些人心中建立被「看見」的意義。

隨著回文越頻繁，我越容易被注意到，日後有發文，也較容易吸引對方注意。

互動是一種頻率，一種建立人與人關係之間的頻率，找出這種頻率，溝通的速度與深度也會加快變多。

「收集網路熱門之議題，再加入自己的想法與觀點。」

從事社群行銷工作，流行的網路用語或議題一定要跟上，不時盯著各社交媒體，注意爆發中、被大量轉載與討論的議題，這些議題不一定與時事有關，有些純粹是好玩、好笑、好怪、好惡搞。隨議題起舞可間接地為自己的發文帶來一些回饋或反應，若能進一步將自己的內容與議題整合，重製類似的圖、文或影片，也有機會引起另一波大量轉載、轉貼、分享的擴散效應，但這種作法只能偶爾為之，畢竟還是要有自己的想法與觀點才好，老拿別人的內容來加料，是會被網友當作哈巴狗的！

盯著議題發展，不僅可以培養出適當的社交語言，彼此有共通認知，溝通互動的頻率也會比較對稱。

「研究網友的發文脈絡，了解哪類型的文能引起注意。」

研究網友的發文脈絡，就是研究這個帳號的性格，了解什麼樣的文章、什麼樣的回應能引起對方的反應與注意。每個人都有自己的發文邏輯、文體與模式，即便刻意扮演某角色，但遣詞用字、斷行、使用標點符號的方式並無法說變就變。

「研究發文脈絡」的工作很重要，卻不易做好，關鍵在於發文者會在不同的社交媒體上互動。舉我為例子，在社交媒體上的發文，多數會運用全型符號，而且段落要求工整且齊頭齊尾，可以的話甚至寫些能夠對詞、對句的押韻文體。像我這種發文風格，很容易可以分析出個性及特徵。如果，我不改變撰文方式與習慣，登入其他帳號去不同平台寫文，很容易就會因為遣詞用字跟文章風格，被常看我文章的人們識破。沒做什麼壞事不打緊，如果要切換帳號去做些較為負面的社群議題炒作時，沒注意文體可能會被有些人士發現、猜中，因此陷入線上公關危機。

「觀察分析發文後動態，觀察社交聲量。」

社群行銷的工作有很大一部分在於監控、量化發文後產生的各種互動，如瀏覽數、回應數、追蹤數、按讚數、分享人數、加入最愛等，這類數值在社交媒體上都有相對指標可以參考。

但也有無法量化的互動，如反饋回應意圖，也就是社交聲量。聲量大小決定「社交影響力」的覆蓋範圍，聲量越大，覆蓋範圍越廣，資訊會被越多人看到，社交聲量是好是壞、正向或負面，都要觀察，以作為日後改善主題發布、內容設計的調整依據。

每個人都有其「社交影響力」，懂得與特定的人互動，就可以藉對方的影響力將自己的力量擴散至其社交圈內，而社群行銷就是要借重這股力量。

3.3 如何觀察社交媒體？

社交媒體何其多，有網路論壇、BBS、Facebook、即時通訊（IM：Instant Messaging）、Instagram、Google+、twitter、部落格、YouTube、Flcikr等，各具特色。社交媒體可概分兩種，一種是「一對多」，也就是由單一使用者面對多位使用者，如Facebook、Plurk之類。不過就Facebook現有功能發展方向來看，雖然個人帳號是一對多，但是社團則是多對多的狀態。

另一種是「多對一」，如論壇、BBS，須先建立帳號，再進入平台發文，只要發文主題符合該平台網友的胃口，就會出現很多回饋資訊，其特性在於每則貼文都可能凝聚龐大的人氣。

從事「社群行銷」，不是只有發發文、貼貼照片而已，在正式進入社交媒體前，務必先做好建帳號、試發文、看回應及做測試等工作，並仔細觀察該媒體及使用者，才有助於後續行銷工作的進行。

【偵查媒體的特性】

社群行銷重要的操作技巧在於「一個人可以用無限的身

分（帳號）去發布各種發文」，所以建立大量「帳號」，賦予每個「帳號」不同的性格，讓每個「帳號」都有自己的地位很重要。

帳號建立後，得到處去「別人的地盤」發文互動，建立社交連結（Social Link），因此必須先搞清楚對方的場子裡有什麼，日後要做相應行為也比較容易知道「誰可能會來回應」。

以我自己為例，進入某社交媒體之前，一定會先大量爬文、逐一瀏覽人氣數高的貼文，或者去Facebook看看各粉絲專頁裡經常留言、分享的人有誰，這些人又留下什麼訊息，一則一則地看，找出爭執、附和、跟隨的貼文或回文，以及發文頻率高或發文影響力較大的人。這就是觀察社交媒體的基本功。

【觀察帳號的影響力】

「觀察」社交媒體包含兩個面向，一是觀察自己建立的各個帳號在其他網友間的印象與認知，另一是觀察社交媒體上的網友帳號，整理出具有「影響力」的帳號，又稱這些人為「意見領袖」。

如前所述，一個人可以擁有無限的身分（帳號），但新建「帳號」發文後一定要花時間去看其他網友對這則發文的感受，這些「感受」是經營該社交媒體的重要參考依據，也是養帳號的基礎。感受雖然是抽象的，可卻能從網友一來一往之間的留言互動，看出對於該帳號的回應方式與情緒。

同一個人所建立的新、舊帳號在社交媒體內得到的待遇會完全不同。稍有名氣、已經累積一定人氣的帳號，可能發文獲得的回饋較多，畢竟許多在社交媒體上的人會特別認帳號，不過回應內容是好或壞就很難說。由於該帳號已花了一段時間經營出其他網友對這帳號的基本認識，但並非所有的舊帳號都吃得開，有些就完全行不通，所以要透過不同的帳號交叉發文測試、探底，整理出網友們對這些帳號的印象與認知！

除了自己的帳號外，了解網友帳號的價值也很重要。要得知哪些網友的帳號有合作的可能性，就必須長時間窩在社交媒體上認真研究，找出哪些網友的發文較中立、軟性或是定位模糊不清。這些特性都可以透過該帳號過去發文歷史，或發布過的動態觀察到。

將這些網友的名單列出，看看他們有無留下電子郵件，再透過搜尋引擎確認該帳號是否有在其他社交媒體上發文。如果有，就可以繼續深入觀察該帳號與其他網民的互動狀態。按照過去經驗，每個人的發文都有其風格與脈絡可循，即使帳號名稱稍微不同，可是看對方發文的風格，還有討論的議題，也能輕易辨別出該人是不是同一個人。

【層層布建社交資源】

掌握不同社交媒體的特性後，接下來就是布建社交資源，包括：帳號、樁腳、意見領袖、工讀生的安排。

「在不同的社交媒體都建立帳號。」

每個帳號的社交影響力都不同，不管是論壇或Facebook的帳號。只是Facebook能操作的面相比較多元，有個人、社團及粉絲團，可以「擴散的方法」與「凝聚的作法」比較完善。

「與擁有社交影響力的樁腳建立好關係。」

身為樁腳，必須擁有足夠覆蓋力、影響力的社交影響力，至少每次發文都能引起不少網友回應與討論。而樁腳和意見領袖的差異在於「樁腳可以被收買，去做相應之事，比方說發特定的文章」。要培養樁腳的方法，大部分都得靠著反覆持續的互動，像是發訊息閒聊，聊聊共通議題，找出彼此交集，盡量在對方心中留下好印象，這在之後需要對方給予回饋時，該人也比較會自動來互動。

「拉攏具有媒體聲量的意見領袖。」

意見領袖是具有「社交影響力」的網友，較不易受利益驅使。不過，意見領袖同時也可以是樁腳，但一旦願意兼做樁腳，就再也難擺脫樁腳的身分。像是我們曾在知名論壇與一些常常做3C電子商品開箱的知名意見領袖合作，只要一有新品上市，立刻就會提供一款試用機給對方，請對方試用看看，如果滿意的話則有可能為我們寫一篇心得文。合作默契有了，雙方變得更熟，此時可以用付費的方式，建立與對方長期在社交媒體上發文的關係。

「工讀生監控網路聲量。」

在社交媒體內的工讀生，通常指的是由某些企業雇用或指派的社群貼文雜工。可能一則貼文30元至50元不等，其工作就是負責監控網路聲量，依照指示到各個不同社交媒體去貼文、回文。運用工讀生的好處是，只要回應的數量夠多，就有機會在一個主題上，帶往某個特定方向的議題而去。

工讀生的角色類似樁腳，但社交影響力不及樁腳。工讀生的工作就是負責洗版、留言、回應，簡單來說，就是「搧風點火的影武者」，並不具任何影響力。

欲與各社交媒體的樁腳或工讀生建立緊密的社交關係，必須花時間去試探，千萬不要貿然地直接傳訊給對方，這樣可能會反被對方咬一口。因此，布建前的觀察工作非常重要。

樁腳得靠平常互動，還有了解其發文、回文的習性而定，找越常在社交媒體上到處留言的人會比較適當，透過私下發訊息閒聊，攏絡感情建立關係，在日後於自己的發文上，對方只要看到，主動來回應的機率會較高，能藉互動熱絡主題。意見領袖則是特別重視發文品質，甚至對於發文有著一定程度的執著，這些意見領袖重視自己的看法能不能被人所看見與回應，喜愛持續表達主觀看法，從中獲得人們的具體支持與看重，將較於樁腳，意見領袖較難被主動影響。

【與網友積極互動】

想獲得網友認同，就要花心思、積極、熱烈地與其他網友互動，講白了就是要發掘出能被該社交媒體及網友買單的「發文風格與邏輯」。以我為例，最初撰文時，常以教學口吻寫下觀點，甚至用報導的方式描述所見所聞。但這類文章，無法引起人們興趣。後來，改以實境故事的內容，採取角色之間對話的模式來撰寫，在寫完發布之後，很快引起人們共鳴。

為了避免與網友互動之餘，發生不在預期中的意外狀況，必須盡量摸透每個網友的脾胃，觀察哪些主題的發文能引起較多的反饋、哪些主題會引來負面的論戰。再者，就是去試探每個議題在不同的社交媒體上引起的效應如何，如Facebook可以透過分享及留言來了解議題的影響力道、論壇則是看蓋出的大樓往哪邊倒了。例如，原先討論的主題正經八百，但有人特別留下稍微搞笑回應之後，導致後面每個回文的人都因其方向驟變而改變發文內容，這就是所謂大樓蓋歪了。特別強調蓋歪沒有好壞，純粹還是看網友們之間的參與程度。部落格則是觀察每個瀏覽者文章後的人，會留下什麼觀點和看法的留言。如此，即能經由網友間的互動，建立日後操作社群行銷的邏輯與脈絡。

【深入網友內心】

網友們會自然而然地向具有影響力及公信力的帳號靠攏，而這股力量靠的不外乎是大量發文，換句話說，想擄獲網友的心，就得跟他們混在一起，發布符合他們口味、嗜好的文章，讓他們有「你總是走在前端，你發的文就是那麼具有意義」，藉此建立彼此間的強力「社交連結」。適當時候，還可發布一些較重口味的議題或具深度專業的文章，進一步建立帳號的「公信力」。

網友培養出真情後，進一步舉辦實體網聚，與網友直接面對面，加深彼此的情感連結。

一場簡單的網聚帶來的凝聚力遠大於網路上的發文與互動，這也是為什麼我常常講**要深入「社群行銷」，就得要從虛擬世界走向實體**，只要擁有足夠的影響力，面對面後，網友們給予的互動與回饋會更多。

【持續經營循序漸進】

社群行銷要有成效，必須長時間持續性地經營，包括網路外的實體聚會也要用心經營。想到時才做，議題操作就會太刻意而不自然，建議不妨按照下列方法階段性地操作議題：

階段性操作議題

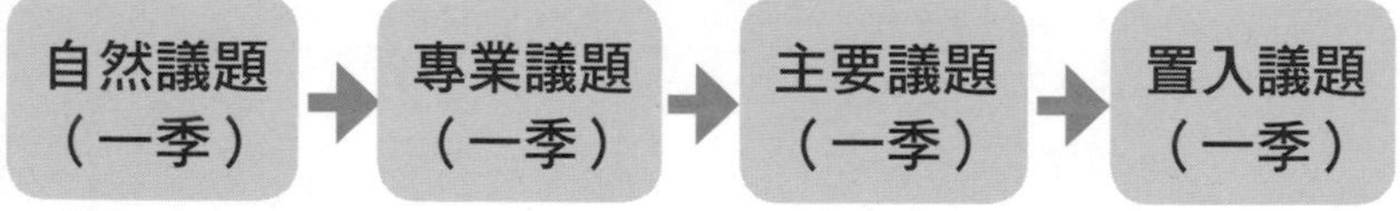

要自然、不做作地進入最後的「置入議題」階段，至少要經營三季的時間，逐步進行，一開始不要發布太生硬或太商業化的主題，同時也要花時間去了解網友的習性，只要經歷過這一輪時間的淬鍊，就能養出一批具有影響力的帳號，

之後只要規範好發文規則、原則、準則，這些帳號就能一直沿用，其價值也就會慢慢展現。

【儲備引導的力量】

正式進入「置入議題」階段前，須先了解帳號是否擁有「引導議題」的能力。何謂引導議題呢？簡單來說，就是帳號是否擁有一呼百應的社交影響力，或是否具有左右、翻轉攻擊性網路言論的力量。

若沒有花上足夠時間，或儲備好足夠的社交資源就貿然置入議題，引導的效果必然難以得見。這就是為什麼社群行銷效益難現的原因，長時間經營對企業來說就是一種投資，這項投資短期內根本難見成效，帳號引導議題的能力與時間是呈正比的。

【與社群同心合一】

社群行銷要做的好，經營者就要融入社群。放下身段，也就是要與社群「合而為一」，不能讓自己置身事外。

企業必須了解社群語言、社群行為、社群生態系，搞懂企業之於社群的關係，用心與網友相處，了解他們的生活、生態，理解他們的觀點、論點，站在他們身邊，成為他們網路社交生活中的一分子。做他們熟悉又可接受的事情，而不是強迫網友單向接受企業提供的資訊或廣告。這麼做，反而會造成負面效果，而不會帶來正面幫助。社群行銷要獲得正面效益，跟網友一起共生、共存，做著同樣的事情，談著相似的話題，用著類似的語言，肯定能贏得不少正面的好評。

3.4 簡單十步驟學會社群行銷

操作社群行銷須與諸多使用者頻繁互動，溝通品牌意義、傳遞產品內容、回饋及掌握消費者的心聲等。要做好社群行銷，事前準備工作不少，但最關鍵的是負責操作行銷的人必須熱愛與社群互動，否則面對如此大量的互動工作可能會變成難以承受之重！尤其在論壇，要了解到對方的狀況，發文要遵從版規。網路上很多人沒有用討論區的經驗，不懂得看置頂文，導致發文後被版主刪除，浪費時間又惹爭議。

【步驟一：決定欲操作的社交媒體】

社交媒體目標繁多，建議**按照自己的能力、時間與精力，挑選適當的媒體對象，以及合理分配運作不同社交媒體的時間**。例如，最多企業投入Facebook的粉絲專頁，在經營上很多人僅把粉絲專頁當作資訊布達的管道，與社交關係不大，而這類貼文通常沒有花太多心思去了解粉絲們想看的內容，因此其社交互動就會偏低，效果偏差。

【步驟二：編製社交媒體操作守則】

每個社交媒體的特性、屬性都不相同，甚至連管理者的個性、脾氣也不一樣，如論壇依版位、版塊主題不同，受眾也不一樣，建議**仔細羅列被選定欲操作的社交媒體，並針對不同媒體設定、整理好相關規則，以備操作時注意遵守**。尤其，有些討論區的版主，特別敏感，看到發文偏向是廣告意圖，二話不說不通知就直接刪除。還有的則是會置頂公告，設定發文格式與規範，要求在該版發文的人都得配合其發文格式，這樣才可有助於閱讀該版的人迅速分辨資訊種類，降低找尋特定主題的難度，提高整個版面的可讀性。

【步驟三：收集媒體管理者或版主的資料】

運作社交媒體時，認知上難免會出現落差，尤其是自己精心寫好的文章，選定了發布平台，結果卻莫名其妙被版主刪除，甚至該發文帳號被禁止貼文等，造成無謂的時間、資源浪費。所以，要先取得該媒體管理者的聯絡管道或服務信箱，日後若不幸發生爭議或出現任何紛爭時，才可幫助社群操作人員盡速與管理者聯繫，並依照版規或守則進行後續協調、討論，為自己的發文爭取權益。

【步驟四：為每個角色建立獨有的背景資料】

最好每個帳號都能夠對應一組設定清晰的角色、個性，如此每個帳號的個性、人格特質、興趣、脾氣、用語、用字就會都不一樣，所以請製作一張表，明列每個帳號及其被設定的角色、個性、照片、個人資料、經歷等，資料越完整越好，最理想的狀況就是仿若真有其人存在。（表格範例請見p.169）

【步驟五：申請多個「有效的」帳號】

申請帳號，該有的投資都不能少，才能保障帳號是有效的，譬如多數帳號申請時都規定要綁定電話號碼，所以投資一點錢購買預付卡是有必要的。另外，有些社交媒體規定須透過Email申請帳號，且不得使用雅虎、Gmail等免費信箱，因此就要使用有固定Domain Name（網域名稱）的Hinet信箱（須向中華電信付費購買）或公司信箱來申請。

【步驟六：合理安排發文的時間與頻率】

每個角色要對應不同的帳號，且上線的時間要分開，不要都在同一個時段出現，而且最好清楚設定所有帳號中，哪些角色（帳號）會與哪些角色（帳號）互動，彼此不互動的帳號又是哪些。

帳號彼此回文的時間要有一來一返的時間差，不要一個帳號發文，另一個帳號立馬秒回；並且不要總是在固定的時段裡發文，最好避免予人某些角色（帳號）就是固定在特定時段發文的印象。

此外，發文後要**詳細記錄每個帳號的使用狀況**，包括近期被回文的狀態，是否有被某些特定人士盯上，造成不必要的困擾等。該文發布後，其相關聯的回文者、回應狀況、內容走向等，所有的操作記錄都可以**作為優化操作社群行銷之順序與流程的參考**。

【步驟七：發文的議題要清楚而明確】

社交媒體上會出現的議題可分為：平時議題、特定議題、炒作議題、反串議題、專業議題等。在不同社交媒體裡，每種議題的發展特性也都不同，所以最好先仔細觀察不同社交媒體在哪些議題較容易引起共鳴，例如在Facebook的料理社團分享3C商品的貼文，必然會招致反感。同時，也要研究哪些發文風格、或是撰文主題較能夠吸引網友們投入互動，好比感情、兩性之間的議題，總是在不同的平台都很吃香，故事寫得越引人入勝，分享或回應的人則可能越多。

不同的角色（帳號）會對不同的議題產生反應，因此對於要操作的議題或帳號間的互動都必須事先設計好，再針對議題內容及後續變化進行調整與改善。

階段性操作議題

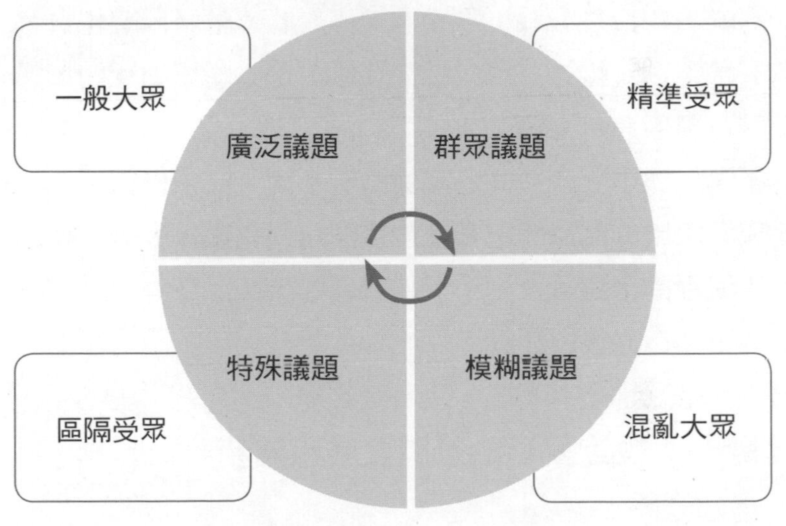

【步驟八：養帳號以經營線上影響力】

一個真實的帳號不會只出現在一種社交媒體中，尤其現在網友們多半習慣透過Google搜尋帳號、Email、社交編號、過去發文等，來了解隱藏在帳號背後的使用者，因此最好能夠讓一個帳號在多個不同的社交媒體上出現，並且須注意樣貌、說詞、觀念、中心思想都要統一，才不會引起網友多餘的猜測。

【步驟九：記錄互動良好的網友帳號】

即使是在自然發展、不刻意操作的狀態下，一定也會有網友與該角色（帳號）建立社交關係，遑論刻意的互動，關係通常會更容易建立。

不過，與不同帳號間的關係強弱不同，必須仔細關注、分析與各帳號的互動狀況，有些帳號是只要某帳號發文就會特別頻繁互動，隨著互動情況越來越好，彼此在互相推文、推薦的頻率自然也會較高。

【步驟十：設定妥善的行銷發展策略】

如果不希望辛辛苦苦培養出來的帳號或影響力被隨意封殺，操作過程中就要盡量貼近一般網友的思維。不要三不五時狂貼廣告文，偶爾也要發表一些有深度、有營養的知識科普文章，或補充生活美食、旅遊體驗之類的文章。

此外，**針對不同的社交媒體，所發表的資訊也要不一樣，必須妥善、謹慎地將行銷資訊透過「社交文體」發布出**

去。我最常看到很多人在社交媒體上想要宣傳某些商品資訊，在不加修飾的狀況下，直接原文貼上，這被刪除的機率是百分之百。但是，如果換個角度用社交文體，以網友比較願意看的開箱文為例，在這則開箱文中，加入一些個人背景故事，網友可能比較不會排斥，文章被刪除的機率也會大幅下降。

「設計行銷路徑讓發文更廣泛被討論。」

社群行銷能從事的工作面相很多，能操作的方式也很廣泛，可以針對「資訊流向」設計所謂的「行銷路徑」（Marketing Path）。好比說一則優文，從BBS被看到後進而轉載至論壇，再從論壇獲得滿滿的討論，被分享發布至Facebook，最後其內容被網友加工、加料，多了很多有意思、又豐富的社交內容，再回流到官方品牌網站或Landing Page（到達頁）上，每種路徑就是一種情境（Scenario）。

模擬數種情境，再針對不同情境設計行銷路徑，將資訊引導到不同的社交媒體上去建立自身的社交聲量。只要有了聲量，之後就會逐漸產生社交影響力，社群行銷的效果自然就會顯現，但這一切是需要時間經營，只要按照本文所提的十個步驟，逐步踏實經營必有斬獲。

社群行銷的經營技巧

社群行銷必須創造出能夠被明確感受到的價值，妥善運用以下的經營技巧，即可以達成此一目的。

1. 議題要強調大部分人還未感受到的效益或好處。

2. 內容必須富含故事性、戲劇性，能夠引人入勝，感受到更豐富的情感。

3. 文章標題很重要，下標必須能引起人們的熱切關注。

4. 長期經營角色（帳號），並為其建立獨立有的特性、個性與風格。

會產生影響力的議題內容

以能夠大量擴散、散布的內容為重

必須能貼近網友，並能夠持續互動

階段性操作議題

創造強烈的對比感

【例句】當我在用Google街景地圖……天啊！怎麼會有這種畫面！

【例句】建商小心了，這個男人在自家後院用3D列印做出一座真的城堡！

透過數據來鋪陳

【例句】這6個愛情故事都有一個共通點，那就是最後都變成鬼故事！

【例句】這10個你一直認為正確的健康常識原來是錯的！

【例句】34個超深刻的公益廣告，會讓你對世界有不同看法。

運用情感轉移的感染力

【例句】我不敢相信自己的眼睛，看完這10張照片後，瞬間驚呆了！

【例句】我最好的朋友竟然會用這種方式背叛，而我還要跟他說謝謝！

操作社群行銷的注意事項

1. 有的社交媒體會記錄IP，不同帳號請使用不同的IP登入，千萬不要一個IP用到底。
2. 避免某些帳號只在某些時段出現。人的行為模式有大略的相似性、共通性，但不會像機器人一樣只固定在每天的某一固定時間準點出現。
3. 經營帳號花點心思是必要的，一個帳號要經營到具有影響力，大概得花至少一至二個月以上的時間。
4. 可針對影片或照片內容、來源，選擇能吸引人的主題來進行策展工作。多數人會參考國內各大網路論壇的訊息，但其實國外的資訊非常多元，不妨多參考。
5. 請記錄好每個帳號的使用狀況與記錄，以免操作者交接時，因資料錯亂而露餡。
6. 妥善運用帳號管理軟體登記對應論壇、部落格、社交媒體，以及發文主題、內容、時間、狀況等，有的軟體甚至還能分析統計，效果不錯。
7. 欲用不同帳號互洗粉絲或追蹤者的話，帳號特質不要差異太大，如一個愛談美妝、一個專講3C，這樣容易露餡。

8. 不建議使用可一次過濾很多社交媒體的發文軟體（注5）（除非該帳號只打算用來操作曝光），這麼做，被刪文的機率很高，曝光效益相對差。

9. 與版主或管理者建立良好關係，並於適當時機表明來意，有時只需「稍加贊助」，就可以獲得非常好的站內支持與影響力。

10. 操作過激、煽動式的議題，要先設定好議題發展的腳本與方向，不要貿然進行，惹火網友的下場就是帳號報銷。最好是妥善扮演不同的角色（帳號），運用留言交叉互動的方式，一下褒、一下貶，多一點褒少一些貶，登入數個不同帳號，但背後都是同一個人。反覆來回留言發文，洗掉原本不是由自己所發的留言，進而逐步緩解表面上看到的衝突，不要讓負面言論無限上綱。

5 有的自動發文軟體，在設定好各個要發布不同論壇、部落格、臉書帳號、YouTube帳號、拍賣帳號之後，可以僅撰寫一則要發出去的內容，然後按下發布按鈕後，會同步發布到討論區、粉絲專頁的留言、YouTube影片下的留言、部落格的回應、新聞留言等。

3.5 社群人氣等同於購買力道？社群導購要怎麼做？

【何謂「社群導購」？】

說穿了，「社群導購」就是人們期望透過社交媒體帶來訂單、營收的一種行銷方式。換句話說，也就是透過內容擴散產生的影響力，間接影響各大社群中的人產生購買的意願。

關於「社群」的概念，我們在前文中已討論過，但若認真回溯，可以發現在很早很早以前的石器時代便已有這樣的「群體」存在——「一群」原始人為了生存而彼此守護，從對方身上獲得相對的安全感或資源，進而成為一個團體、聚落，這時候就已經有社群的存在了。

與一般的人群相較，社群的特殊之處在於社群中有大量的資訊、內容流通著，其中的人們彼此透過這些竄流的大量資訊或內容，互相溝通、支持與凝聚。

我們要了解，社群導購一定是建立在「社群」之上，並且是相當精準而明確的一群人，這裡指稱的「社群」並不侷限於網路社交媒體，也包括實體存在的一群人，我最常舉出的例子便是菜市場裡的婆婆媽媽們。

「社群導購的原始模型來自菜市場。」

社群導購的概念雖然是在社交媒體發達之後才開始受到注目與被談論，但很久以前，這個觀念就已經深耕在許多人心中，好比說菜市場裡的婆婆媽媽們。

菜市場本身就是一個非常龐大的社群，凝聚來自四面八方的人們，而市場裡的攤販就等同社群裡的「內容、服務或商品」，在市場中閒逛購物的婆婆媽媽們一邊豎耳聆聽市場中流竄的八卦，一邊與攤販互動，一來一往間，商品便藉由情感的交流、轉換、傳遞而被銷售出去。

這就是原始的社群導購，雖然欠缺精準的操作模式，可是卻能藉由商品銷售出去後的口碑，逐步建立起彼此互相信賴與支持的價值關係。

「社群導購的工作重點是資訊傳遞。」

社群導購的工作重點是「資訊傳遞」，鎖定的目標對象相對精準而明確，也許是某社團內的人，也許是某組織團體，或是某群常聚會的朋友、特定的讀書會、運動協會等。

社群導購的工作輪廓

事實上，人們是群體、群聚的動物，會自然而然透過各種管道，建立互相聯繫的關係。也因為這層關係，容易彼此影響、互相感染，受到「潛意識裡覺得自己有需要，但實際上並未意識到有這項需求」的資訊之刺激，引發相關行為及需求，進一步刺激購買欲望，想要從中獲得認同。

簡單來說，這些人很容易一股腦地受到同群體中的人鼓動，購買自己可能也用不上的商品，甚至為了證明自己是團體中的一分子而採取具體行為。例如，偶像明星類型的粉絲俱樂部，偶有這類現象發生；某些特定的高級車主俱樂部，就有類似這種風氣。

所以，**社群導購就是藉由「社交」來傳遞各種資訊內容與進行物品交換，也就是所謂的「口碑傳遞」**。與在菜市場裡流動的「實體口碑」不同之處在於，產品還沒正式上線銷售之前，就可以與潛在客戶進行溝通，預先讓這些客戶建立對該產品的正向認知與品牌印象。

「貼近生活的資訊才能引起共鳴。」

從事導購其實也就是弄清楚資訊如何被傳遞（婆婆媽媽們的口耳相傳），以及如何讓資訊在目標對象（婆婆媽媽們）心中燃起一股想要、需要、必要的熊熊烈火。

簡單說，我們把人們說出去的話當作資訊，而這段資訊要像這樣被說出去：「我跟你說，街口轉角口有一間麵店，麵很好吃，而且便宜，常常有人排隊，你有機會一定要去吃吃看，不去一定會後悔。」

這樣一段看似「平凡無奇」，但卻「貼近生活」又「具鼓動力」的話只要能夠在社群之中散播開來，不管能打入多少人的心中，那股因社群互動而存在的基礎信任感就會率先降低人們潛意識裡的抗拒，進而在不知不覺中拉高人們的需求與渴望，最後就是引起「想吃」和「一定要去吃」的念頭。這就是社群導購要引發的效果。

【社群導購的目標對象】

欲操作社群導購，得先了解自己欲販售的商品應該經營、接觸哪一票社群的人。明確分眾並針對目標對象發表最讓他們感興趣的內容，才能清楚認知接下來如何著力才有效。

無法確定目標對象是誰嗎？不妨想想看，自己會接觸到的對象有誰？這些人會不會對你的商品感興趣，這些人的輪廓、樣貌、行為帶給你什麼樣的感覺？一點一滴地寫下你對這些人的感覺就能獲得導購的目標對象了。

社群導購的三類對象

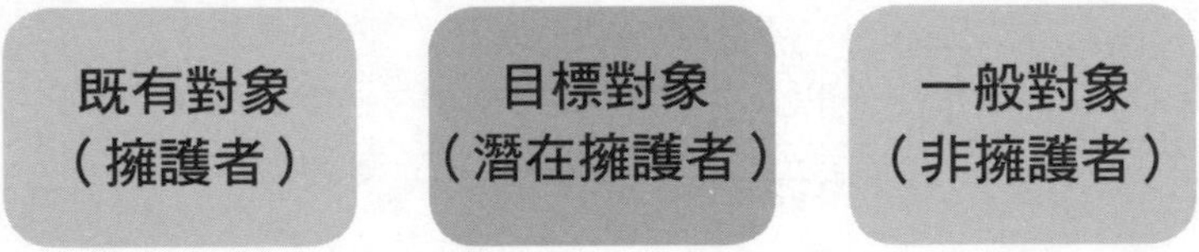

既有對象（擁護者）	目標對象（潛在擁護者）	一般對象（非擁護者）

舉例來說，如3C商品的導購，必須先找出與3C商品有關的社群，包括Mobile01、DC View等網站，以及各種消費性電子的社團與產品交流、技術研發等族群。操作導購者首先要進入這群人中，建立自我存在的意義，引起社群中人的注意，成為他們的一分子，讓他們願意聽你說話，理解你說的每一句話。

當你順利進入信任圈之後，在社群裡發布的任何資訊被看到、注目的比例會增加，這時再善用「社交語言」，使用較軟性、簡單、平凡的語調，介紹自己的商品，透過一些情境的應用、一些超乎常人的嘗試、一些有趣好玩的惡搞技巧，讓社群中的人看到你逗趣、好玩，甚至是用心的那一面，如此一來，你所介紹的商品自然而然地就會進入該社群中，被詢問、購買的機率也就會提高。

不過，至此才是社群導購的開始。商品銷售出去後，該如何持續建立良好的口碑，讓人們擁有好印象呢？這才是社群導購的精髓——將服務做到社群中，讓人們持續信任該商品。

社群導購的目標對象首先是「人」（會購買的潛在客戶），之後從人轉移到「商品」（建立商品品牌與形象），再從商品轉移到「服務」（建立口碑與信任感）。當口碑在社群之中形成一股持續的正向循環，商品的特色、好處、優勢等就會被慢慢擴散到其他社群之中，藉由口碑的傳遞，社群聲量不斷放大，人們從注意到商品本身再到銷售，只不過是時間的問題。

社群導購目標對象的三階段轉移

【社群導購的操作步驟】

社群導購包含十個步驟，透過這些步驟，可以一點一滴打造出具決定力量的社群影響力。驅動人們買賣意願的關鍵絕對不在於推銷，也不是促銷，而是在於自銷，自然而然的讓商品銷售出去，這才是社群導購要達成的目標。

社群導購十步驟

Step 1	找出自己商品的明確受眾
Step 2	找出這群受眾群聚在哪邊
Step 3	該群聚處有什麼樣的特色
Step 4	進入該族群並與之多互動
Step 5	發表屬於該族群各種內容
Step 6	贏得族群內的回應與互動
Step 7	找出商品可個性化的特點
Step 8	用有趣方法分享自有商品
Step 9	提供僅限好友的分享試用
Step 10	在適當時機發起好友團購

【社群導購的發展順序】

基本上，社群導購靠的是分享，而不是硬推，絕非亂槍打鳥式的隨意銷售，而是秉持著「好東西要與好朋友分享」的概念在發展。

唯有滿足⑴性質相近的受眾、⑵聚眾明顯的主題、⑶持續穩定的付出、⑷良善密集的互動、⑸正確適當的語言、⑹銷售頻率的限制等六項條件，社群團購才可能成功。

社群導購的發展順序

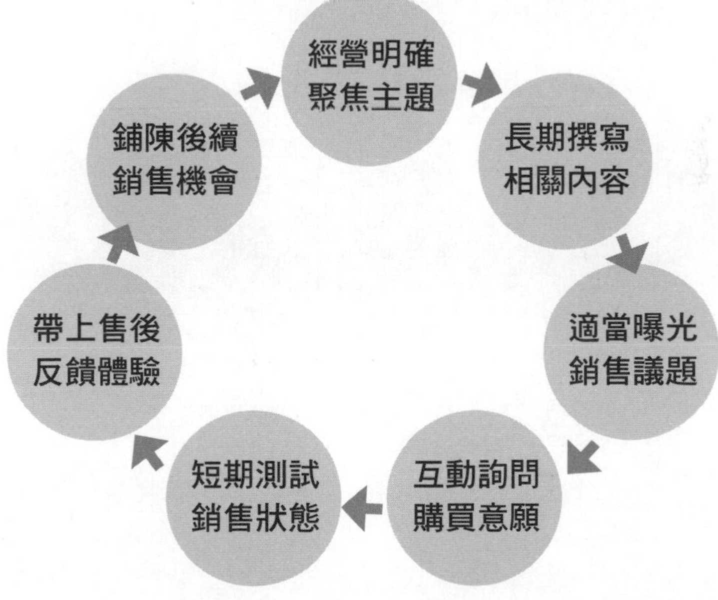

【社群導購的順利關鍵】

「不要強迫帶入欲導購的商品，以免遭到反感。」

社群導購「絕不是做無差別、無導向性的隨意銷售，而是做有主題與導向性的重點銷售」。成功的導購靠的是網友們認同、接納與主動詢問，引導社群效果持續醞釀，並在適當時候引爆，絕不是強硬推廣！切記，時機很重要，不要在人們對某些與商品議題呈負面觀感時，還刻意要帶入，這會引起眾怒。

社群導購的四大心法

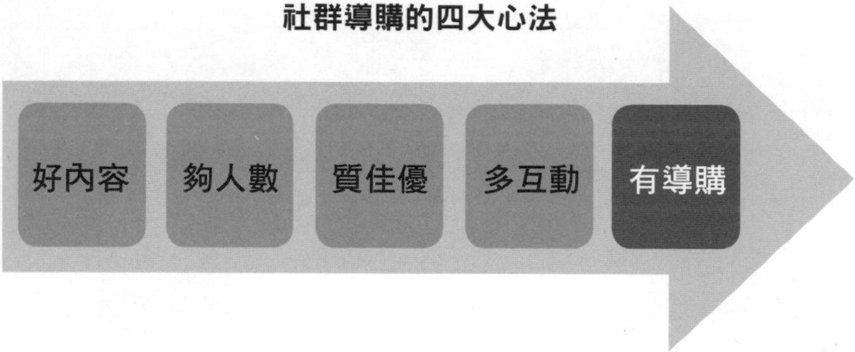

好內容 → 夠人數 → 質佳優 → 多互動 → 有導購

「社群靠的是分享，而不是推廣。」

在社群中，想要留住人們的目光，唯有持續發布對方會感興趣的內容，從分享中尋找與試探其消費、購物的意願，再一步一步地刺激人們的「想要」，促使人們因為感興趣而願意購買。

基於分享的前提，導購的商品最好與自己的形象或常發表的文章主題有關，透過撰寫分享文的方式來包裝商品，避免使用過多的廣告術語或是專業名詞，表現出真心推薦好東西的態度，而非迫不得已才來推銷，最重要的是若真的開團銷售商品，在正式開團前要先與團員做足溝通。

社群導購的發文與操作順序

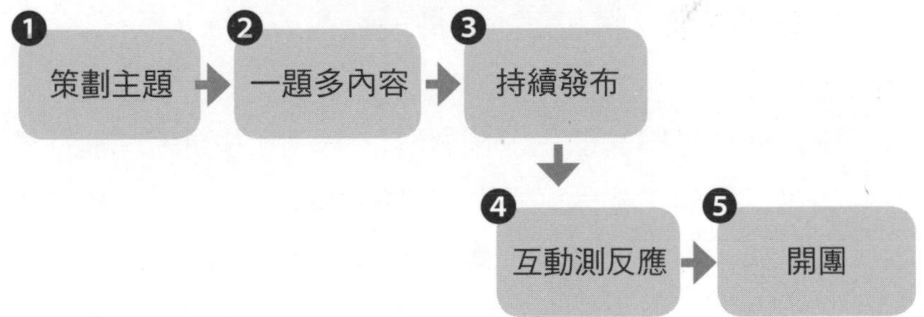

3.6 社群如何導購變現？

【社群變現的時代來臨】

經營社群已經成為現代數位行銷的顯學，以前不敢想像經營Facebook、粉絲團、Instagram、部落格、論壇等……竟然可以賺錢，帶來營收，直接變現！事實上，社群變現的趨勢已經到來，社群不僅能帶來人流，還能帶來金流。社群中的人潮可以是錢潮，尤其在這大家已經習慣於社交媒體中購物的年代，懂得運用社交媒體凸顯商品特色，並且藉口碑推波助瀾，會是能否變現的關鍵。

「社群經營是建立銷售基本盤的最直接方式。」

沒有社群媒體的催化，相對難以變現，甚至連其他行銷效益都難以評估。要做好社群導購的前提是經營好社群基本盤，獲得一定程度的社群支持，籠絡人心，跟社群中的網友站在一起。如果沒有前面花費心思的品牌經營與內容鋪陳，要進入社群導購階段其難度會相當高。因為過去沒有網友在社群裡互動的記錄，人們還未建立起信賴橋樑，沒人認識這社群裡的你，要他們掏出錢來在社群中向一個陌生人購買，事實上有些難度，相對無法去期待任何轉換效益。

正式談論社群導購之前，還是得先分辨「社群商務」與「社群導購」之間的不同。這兩者同樣都含了社群與銷售的成分在其中，但**社群商務比較偏向直接銷售，靠的是社群中龐大族群對商品的直接認識，轉化為訂單；社群導購則是運用各類內容建立消費者認知，透過口碑提高可信度，間接做推廣，然後才引導至購買**。

參與Facebook購物社團 、Line@的購物群組及拍賣直播等，該類社群中原本就存在許多商務行為，直接在社群之中從事銷售活動，可以稱之為「社群商務」。不排斥在社群之中，主動參與這類銷售活動明確的族群，通常已熟悉在社交媒體上進行各種購買行為，也接受各類商品促銷活動，基本上並不會對社交上的購物行為或商品推薦產生排斥。換個角度來談，社群商務較偏向業務銷售工作，可直接催化用戶採取行動具體變現。

社群導購則是藉由部落客撰文分享、發表病毒短影片、到討論區發文增加聲量等方式，透過內容的擴散，產生足夠的影響力之後，誘發各大社群的參與者產生購買意願，增加對商品的印象與好感。換句話說，社群導購做的是行銷宣傳的工作，而非直接銷售商品，雖然要花費的時間較長，需要醞釀，但變現的效果會更好。

「社群商務」與「社群導購」的差異

社群商務	社群導購
在社群之中從事銷售活動。	不在社群之中從事銷售活動。
社群參與者熟悉並接受社群中各類的銷售活動。	透過內容擴散產生影響力，間接影響各大社群中的人產生購買意願。
建立FB購物社團、Line@購物群組、拍賣直播等。	透過部落客撰文分享、病毒短影片、討論區聲量增長引發擴散的力量。
屬於業務性質。	屬於行銷性質。
可直接變現，等待變現時間較短。	不可直接變現，等待變現時間較久。

如前所述，經營社群是一切導購活動的基礎，所以首要條件就是要有「社群」這個厚實的經營基底。除此之外，藉由能夠凝聚社群參與者的明確主題、議題，持續產出各種有內涵，具影響力的內容，甚至用影片、直播等不同型態之內容發揮其創意，才能有效觸動社群參與者的消費動機，繼而產生消費行為。

再者，好的社群經營者必須與社群參與者持續互動，如此才能吸引對方回應發文，引發討論，增加黏著度與活躍度。同時，經營社群要隨時關注時事。當熱門議題出現後，趕緊跟上發文，用幽默逗趣的方式，多多參與社群裡的相關事件，避免落於人後，內容做得好肯定有機會獲得不少關注。想在社群之中，建立持久的良好關係，一定要懂得先鋪陳、建立上述這些重點後，才能夠往社群導購發展。不然，可能導購還沒發生，先被人抗議反感。

社群商務與社群導購的共通性

內容	主題	互動	時事
有料有影響力的內容，觸發消費動機	明確主題可以凝聚明顯的社群參與者	持續互動引起更多注意獲得更多關注	跟風不會少，但我有你沒有才是夠屌

【社群導購的關鍵】

社群導購的關鍵在於經營明確分眾，能夠留住人們的方式，唯靠持續發布他們會感到興趣的內容，並且從中找尋並試探其購物、消費的意願，再一步一步地刺激他們，誘發他的購買欲望，促使他們因為感興趣而願意採取實際的購買行動。

導購的過程中，最重要的是不要強拉消費者或好不容易經營出來的社群去購買你的商品。請注意，社群導購的重點

是測試社群參與者的反應，看看他們怎麼想，了解他們的感覺，而非銷售商品，銷售這一塊就留給社群商務去進行吧。

社群導購的主要任務是經營明確的、長期撰寫的內容，適當地在媒體上曝光你的議題，並與網友互動，詢問、了解其購買意願，再考慮是否要從事波段性銷售。

真正要做的是讓內容擴散，造成一定程度的討論聲量，吸引社群參與者的好奇、想了解，甚至是「想要」的欲望，以促進「最後願意成交」（last mind）的達成。有時候，從事導購的人會忽略售後服務與繼續發文、互動，造成購買者感覺被冷落，反倒對於商品產生一些距離感。事實上，持續發表售後體驗文，繼續關切購買者的使用心得，能讓更多人站出來替你的商品代言、做見證，可以真正快速有效地變現。

社群導購，最理想狀態是每個購買過的人，都成為社群之中的傳道士，為商品進行各種內容擴散與宣傳的行為，這點在蘋果公司所推出的產品之中，都可以看到這類行銷影子。

【社群導購執行步驟】

「搜尋引擎與社交媒體的操作要特別強調兩個「S」，Search（搜尋）和Share（分享）。」

如果不知道社群導購要如何開始，可以參考社群行銷的基本操作，也就是AIDMA法，自我幫助快速上手。

除AIDMA的方法外，以搜尋引擎與社交媒體為策略主軸的AISAS操作方法也可以借鑒，尤其要特別強調兩個「S」，Search（搜尋）和Share（分享），這兩項是整個操作過程的關鍵。

AIDMA法

AISAS法

A →	I →	S →	A →	S
Attention	Interest	Search	Action	Share
採取某些行為或技巧，引起目標對象之注意。	進一步使目標對象對該資訊或內容產生興趣。	因興趣主動搜尋相關資料，而留下各種印象。	透過各種搜尋而來的內容，刺激其採取行動。	購入後感到滿意、喜悅，主動上網分享心得。

先選定未來準備要做導購之社群的經營主題，並設定該主題要發展的主軸議題，然後持續發布與該議題有關的內容，發布後必須密切觀察社群內網友們的互動狀況，找出社群內的樁腳，並與之多多互動。

樁腳布置好後，判斷時機成熟，即可開始推薦符合主題的商品，測試水溫，看看社群參與者的意願如何。確定參與者們不排斥，就可以進行短暫的開團接單，測試社群內的銷售轉換機制，評估是否合適繼續下去。

整個過程中最重要的就是「商品推薦」，建議可以透過故事包裝來推介商品，故事最好能夠富有戲劇性，可以觸動人性，效果才會好。

導購最終是要創造收益，有好的回購策略，才能將效益持續擴散，讓產品能持久銷售。

社群導購操作步驟

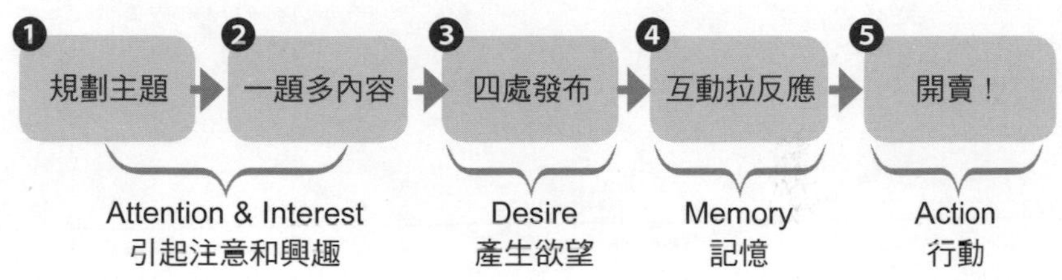

「社群導購用戶回購策略。」

導購最終是要創造收益，所以回購很重要。當我們已經花了很多心思去建立社交媒體的口碑，內容已經擴散，並且透過分眾去接觸不同的對象，建立各種不同印象，藉由良好的服務體驗、明確的快速反應滿足客戶需求……，做了這麼多就是為了賦予客戶良好的印象，藉此吸引他之後再回購，帶來實際的變現。

社群導購的回購策略

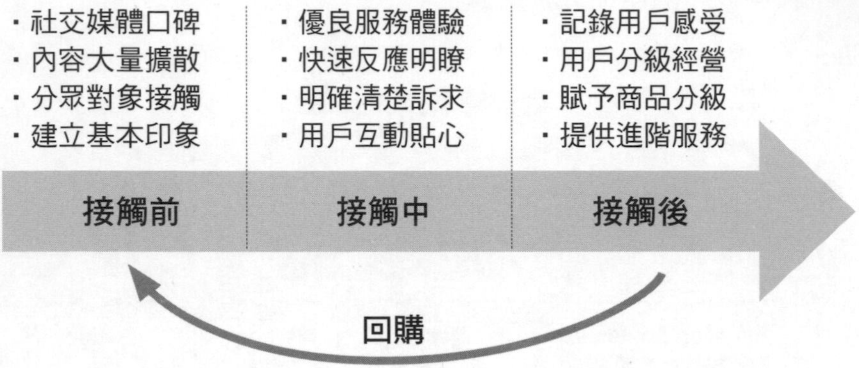

・社交媒體口碑
・內容大量擴散
・分眾對象接觸
・建立基本印象
・優良服務體驗
・快速反應明瞭
・明確清楚訴求
・用戶互動貼心
・記錄用戶感受
・用戶分級經營
・賦予商品分級
・提供進階服務
接觸前
接觸中
接觸後
回購

3.7 如何用社群來化解危機？

【「社群」能載舟亦能覆舟】

隨著網路、社交媒體、社群蓬勃發展，現在的新商品在正式上架、進入市場前，多半會先透過社群行銷試探市場，藉由口碑行銷與操作收集市場評價，比較與其他競品的同質性、差異性、特殊性等，區隔出產品差異，以為日後賣點。

而2017年，義美厚奶茶異軍突起，在網路上熱燒，也在COSTCO爆發搶購熱潮。厚奶茶爆紅後，社交媒體上開始出現各種聲音，不約而同直指厚奶茶的爆紅完全是策劃過的社群事件。

事件之初，是東森新聞雲發布了一則義美厚奶茶的新聞稿，短時間內便獲得大量關注，引起網友關注並大量轉貼分享，此時厚奶茶雖引起關注卻還未有明顯的搶購熱潮。一段時間後，厚奶茶開始陸續在不同的網路新聞媒體曝光，並擴散到不同的社交媒體上，才在一般消費族群間造成話題。

之後，網友到COSTCO購物時看到有消費者的購物推車堆了滿車厚奶茶，順手拍張「義美厚奶茶搶購」照片上傳社交媒體，瞬間引起大量關注，此時，電視媒體注意到這則貼文並跟著播報。

電視媒體的推波助瀾加上社交媒體已喧騰多時，讓義美厚奶茶迅速竄紅，成為2017年社交媒體上最熱門的話題商品。

義美厚奶茶的爆紅不能完全歸功於口碑操作，也有賴於這項商品本身的特色——相對於大多數的市售奶茶不含鮮乳或高比例的乳製品，義美厚奶茶強調「無添加奶精、香料，及加上50％的乳製品」。

況且義美企業挺過前幾波的食安考驗後，在消費者心中普遍留下極正面的印象，這波奶茶旋風甚至營造出「良心事業義美推出高比例含『奶量』的奶茶」之好商品形象，加上實惠的通路售價，讓義美支持者馬上熱切接受厚奶茶。

「企業的形象可載舟亦可覆舟。」

商品售價必然要反應生產成本。義美厚奶茶含奶量較高，價格自然應該高一些，可是調高售價，市場會接受嗎？所以換個方式，一瓶一瓶賣不如一箱一箱販售，再限定通路如在COSTCO販售吧！網路口碑果然快速擴散、傳遞，短時間內便產生集購、團購效應，引發搶購潮。

隨著厚奶茶的口碑聲量發酵與散播，成分中的人工乳化劑卻也引來網友的放大檢視。人工乳化劑又稱脂肪酸甘油脂，主要作用是增添濃稠度，令口感更濃郁，但消費者對義美厚奶茶有「不含化學添加物、純天然，使用鮮乳」的高度期望，所以知道茶中竟含有人工乳化劑時，在還不了解其作用的情況下便先產生質疑，即使乳化劑屬於合法添加物，大眾還是持負面觀感，甚至部分消費者強烈認定義美有誤導之嫌。

這麼說吧！如果義美的「良心事業」形象沒有這麼強烈，或許就不會引起消費者的反彈！

【過度造神反成「毀神」】

網路口碑無時無刻在社群、媒體間迅速流傳，虛虛實實、真真假假，網友們信也不信，過去那些講了就忘、只是茶餘飯後的話題上了網路就被永久留存，不停地四處擴散、被加料，如野火般蔓延。

具有高知名度的品牌一旦遭到爆料，馬上就會引來各媒體的放大與檢視，假若真有具體疏失、犯錯或負面消息，這把火就會燒得更迅速，所帶來的形象傷害與後續修復成本也會非常巨大。

此外，產品的行銷訴求若與事實不符、與大眾期待有落差，隨著受歡迎程度，公關問題也會越嚴重。因此，行銷人員在操作社群口碑時，不要只專注於擴大網路聲量，也要注意產品本質及是否有清楚傳達產品訴求，若一味地造神，社交媒體上就會產生另一股反彈、反感的聲量，事實上，人們並不相信那些經過多重包裝、交相讚美的「好」。

尤其是行銷食品，如果要將原物料當作行銷特色，負責行銷的人除了要了解商品的特色、賣點外，也必須具備相關的專業知識，以免操作行銷時過度誇大功能或效益，反而引發網友猜忌與懷疑，產生無謂的困擾。

「面對網路爆料、帶風向，線上公關危機該如何處理？」

目前大部分消費者的網路購物習慣是先搜尋（如搜尋商品評價、價格、使用心得等）再決定是否購買，搜尋的結果無論好壞，都會影響企業。企業及其公關、行銷公司除須面對人云亦云的消費者，還要面對越來越嗜血、立場不公正的線上媒體——只要能炒作，任何議題都會成為它們爭取流量的燃料，以及動不動就爆料的大眾。

尤其現在匿名爆料盛行，線上就能隨意投書，完全不用負擔任何責任，而接受爆料的媒體只要一句：「該爆料不代表本媒體立場！」就能將一切輕輕帶過，但被爆料者卻必須花費大量時間與金錢來處理這些線上危機。

只要檢視網路上的各種言論，不難發現人們並不會主動追尋真相，或思考、驗證問題本身，只要有人提出質疑，就一定會有人帶風向，也就有人會隨之起舞，因此當線上公關危機發生時，不論結果、當事人是否被證實有疏失，其信譽都已經大受損害了！面對線上公關危機時，只有迅速妥善處理，才能避免損害擴大。

「爆料內容即使只有部分屬實，也要先出面道歉。」

企業遇到的爆料多半虛實參雜，必須仔細判斷。尤其**面對惡意不實的爆料，要先弄清楚爆料是否屬實或有幾分真相，仔細研讀並分析爆料內容真偽、決定公開對外的溝通主軸，定調溝通重點，並設定好當事者回應的態度後，再擬定如何對外公開說明**。

如果企業搞不清楚爆料者手上還有多少「未爆彈」，只是一昧地逃避卸責，或徒對捏造、誇大部分回擊，卻未審慎處理己方的錯誤、疏失，此時只要爆料者繼續對企業確實犯錯之處窮追猛打，並拿出部分證據佐證，哪怕整體爆料九成都是作偽、捏造的，一旦經過社交媒體渲染，並擴及大眾媒體，相信大多數的民眾都會信以為真。

當「爆料」發展為公關事件時，企業是否真的犯錯已經不重要，消費者已並不在乎真相或對錯，他們只想隨網友一起對這個企業、這個品牌宣洩情緒，屆時企業將失去與外界理性溝通的對話空間。

因此，即使爆料內容僅有少部分屬實，企業就必須在第一時間內出面認錯、道歉，並解釋目前已釐清的部分，以阻止事態惡化。網友間有句名言：「道歉的人就贏一半」，企業只要勇於低頭道歉，事件便不會一直延燒下去。

至於道歉人選最好就是事件當事人。在現有社會觀感之下，層級越高的人出面，越會帶給民眾信服感，後續要再炒作下去也比較難以繼續。如果是企業負責人，有其連帶關係，還是得站出來到第一線處理，千萬不要躲著造成人們猜忌或加料。能由當事人出面以示負責、誠懇處理的態度，並請公關人員協助擬稿，避免「道歉聲明」留給大眾更多疑問。

線上公關危機的處理關鍵在於回應時，焦點要集中於具體、真實的犯錯事項，清楚說明究竟是哪個環節沒做好，以及疏失是如何造成的，至於那些虛構的、編造的、用以混淆民眾的謊言，就留待日後反擊或作為未來提告之用。

「若爆料內容為誤，務必要蒐集證據，打擊不實指控。」

若確定爆料內容是錯誤的，就要趕快蒐集、公開證據，加以反擊，同時配合法律顧問主動告知將採取法律行動，捍衛自身權益。要讓大眾明白，企業有誠意處理問題，也嚴拒無的放矢與隨意攻擊。

另外一個作法是諮詢法律顧問後，先保留證據，暫不公開，避免讓爆料方掌握狀況，之後再積極採取法律措施，一舉擊潰對方。

若發現爆料者是基於個人利益，才針對企業、品牌爆料或中傷，可適時地向媒體說明原委，主動提供媒體議題與報導材料，間接將整體事件帶向爆料方的目的與動機，引導媒體進行不同面相的報導，如此就有機會成功扭轉風向，改變大眾印象。

譬如義美厚奶茶添加人工乳化劑引發網友質疑的事件，由於義美擁有長期經營的良好形象，而且是合法地添加人工乳化劑，並非如頂新隱瞞黑心油而造成嚴重食安問題，引起消費者號召抵制的嚴重，只要稍加修正厚奶茶的產品訴求，以及與消費者溝通的重點，並搭配新聞稿、公關稿、社群等發布正確的資訊，不難扳回評價。

網路口碑時代，品牌可能一夜間興起，也可能一夜間消失。尤其，社群已成為企業經營品牌的顯學，普及的行動裝置讓人們隨時隨地都能接觸各種資訊，甚至在還不確定資訊是否正確前即時發表看法，輕易煽動、影響不明事理的人們，引發一連串麻煩。

品牌經營不易，載舟亦可覆舟，千萬不要忽略線上公關的重要性，口碑操作好，商品賣得好，口碑操作破綻漏洞百出，品牌被毀掉也不過是幾秒鐘的事情！

3.8 無論行銷怎麼做，品牌力最重要

【做有意義的曝光】

「市面上的產品這麼多，要如何讓自家新推出商品脫穎而出，抓住消費者的眼球呢？是多做曝光嗎？是持續發文嗎？還是找不同的KOL（關鍵意見領袖）做直播呢？」以上是來找我諮商新興品牌廠商最常會遇到的問題。

其實，我認為曝光沒有會不會過多的問題，主要是你會做的行銷方式外面競爭的人也會做，你想呈現的對外訴求是什麼？會不會讓人有印象。大部分的曝光操作是扁平式的，以為鋪天蓋地儘量讓很多人看到就好了，但據我觀察，真正有效如果是搭配事件（event），突然造成搶購，那樣的曝光比較有延續性與故事性。

如果身邊的朋友都在講同一件事，身為消費者通常會聽誰說的比較有道理或中肯。例如，做女鞋的廠商，每個月推出三到四款新鞋，消費者為什麼要選擇買這雙鞋不選擇別雙。全看在市場的口碑，或是有沒有看過誰穿起來好看的印象，甚至是不是某個名人穿過。網紅行銷之所以會開始為廠商們帶來相對強大的曝光與影像力，其支持網紅的族群、追

蹤者，都是潛在能與商品連結的重要關係。

舉例來說，標榜純手工的鞋子品牌，長期強調他們與一般機器製造鞋子不同的差異性，之所以末端售價可以較高，是因為堅持手工製作過程，做成影片或是內容，向整個市場說明與介紹，令消費者看出真正的差別，引發新聞媒體報導。

甚至，手工製鞋業者還可根據消費者不同腳型打造量身訂做鞋款，類似像這類有故事性和議題性的品牌，較容易引起大眾注意。反觀，如果各廠訴求都是小牛皮、舒適好走等，過於通泛的商品訴求，各廠差異不大時，等於在消耗資源和成本。

因為，就產品本質而言，好走舒適的鞋子，本來就是基本配備，沒有人會去訴求商品好走或舒適，除非市場上充斥的許多難穿、難用的鞋子，令消費者感到反感，這類訴求才會成立。可是，好不好穿，每個人感受不同，純粹感覺形式的溝通訴求，要令消費者買單，還是有一段距離。

當然，廠商有做廣告曝光已算不錯，比不願意花行銷費用的廠商要來得好。但面對競爭激烈的市場，想和同等級對手競爭，應要有可讓商品對外持續被看到的故事性或價值，也就是所謂的「情境式銷售」。過去的行銷大多用廣告來述說產品的功能、規格以及好處。現在，則傾向於在什麼樣情形下產生需求，商品為消費者解決哪些明顯可見的問題。

「產品賦予情境較能引起消費者注意。」

再舉前陣子網路爆紅的「噴噴杯」事件為例。原始生產的廠商早在數年前，已設計出該產品，具有相當完整度，但沒有賦予商品情境與故事，沒有向消費者說明設計該產品時，能帶來的明顯價值，只提到方便攜帶、不占空間，僅做到商品介紹、規格說明與相應功能，與消費者溝通的連結薄弱，無法產生共鳴。產品沒有賦予故事與獨特性時難以吸引消費者注意。

在這資訊過度擁擠又爆炸的年代，消費者沒有太多耐心，他們比較想知道該產品何時會用得到，用的時候是什麼情況，對消費者本身的利益或效益為何。後來接手的行銷團隊，重視其文案、視覺還有溝通訴求之後，藉由募資平台的行銷宣傳，將愛地球、環保等議題包裝進來，進而拍成影片、引起大眾的共鳴，即成功在短短兩個月內募到6千多萬，姑且不論之後的爭議，但這就是產品賦予情境的成功例子。

【影音宣傳要怎麼做？平台如何選擇？】

前面談到用影片來述說品牌或新產品的故事與價值，那直播呢？直播的作用是什麼？尤其2017年被稱作直播元年，直播平台百花齊放，網紅、網美挾帶著龐大人氣與支持者，各自占有一片天。另外，YouTuber長年累積經營下來的影片，陸續獲得人們關注，連媒體也都注意到這股熱潮，網紅佐以影音行銷的時代似乎來臨。

現在不少品牌廠商，找上KOL在Facebook做直播，推薦商品開團做導購。可是Facebook上開直播的很多，該怎麼吸引消費者觀看？此時，善用網紅（意見領袖）的影響力，吸引人們對同一個議題產生共鳴，產生集客效果，即是現在品牌廠商選擇找網紅合作的主要用意。因為，他們有一群支持的鐵粉，喜愛網紅的一舉一動，有些網紅甚至影響力比在線藝人還要有號招力。

意見領袖最重要扮演的角色就是將好內容、好服務、好產品的分享者與閱讀者。通常有能力做意見領袖的人，一般來說投入社群的時間較長，花費許多心思經營個人品牌，同時洞察熟悉自身跟隨者喜愛的主題，懂得經營線上人際關係，而且具有一定程度的公信力與影響力，廣受社群中的使用者們尊重。

另外，影片內容之於行銷得持續做，不用擔心跟隨者（粉絲）會覺得厭煩，即使是一天開多次直播也沒關係，能緊緊維繫關係，保持與網友之間的新鮮度，會是經營個人品牌，或是未來想要開導購時，得事先做好的準備功夫。畢竟，每個跟隨者上線的時間不同，對於網紅而言，不同時段會接觸到不同面相的受眾。時時去經營與他們的關係，能為網紅奠定厚實的社交基礎。

再者，廠商想要找三位不同網紅做直播導購，每位網紅發起的團購，其接觸到的族群都會有些不同，受眾不會重複。即使，在不同社團其成員都是同一群人加入，也不見得每一次開團都會被看見。換個角度想，如果直播時，討論同一支產品的熱度足夠，看到三位網紅都在談論同樣的商品，反而會引起團員們注意，似乎該產品相當熱門，具有不錯人氣，進而刺激其購買意願。在直播過程中，靠網紅做行動呼籲，直接透過互動喊話期盼粉絲們購買，其效果還不差。

因此不用擔心直播場次過多問題，做再多都不可能涵蓋到社群上的每個人。請網紅做直播，該擔心的不是曝光過多的問題，重點是成效可否符合預期；曝光訴求一定要清楚，在同樣產品競爭下，商品能不能符合消費者需求。如果各家商品大同小異，訴求也無法做出區隔，最後可能只得玩特價販售。降價促銷，實屬下下策，最好要針對網紅特色，透過展演情境、搞笑或劇情做規劃會比較理想。

「影音平台要如何選擇比較好？」

現在大部分廠商會請網紅用自己的手機在Facebook上開

直播團購，但個人建議是，既然都做了一次直播，不如將影片再重新剪輯加工過，多放一支在YouTube上，就算不能立即導購，但能針對這支影片下名稱與說明、連結，即多一支影片可以作行銷，也容易被找到。況且，除非是知識型的直播節目，大部分在Facebook上的訊息都會被覆蓋掉。

理想狀況是該網紅有自己的團隊幫忙製作質感稍微好一點的直播，能在適當時機做分段，之後剪成影片再利用時比較省時省事，專心在內容的產出，數量要多、品質要好、頻率要高，在社交媒體上的聲量就越大。再運用多頻道多管齊下，盡量放大網紅的影響力，接觸到更多的人，帶入更多的銷售機會。行銷費用要花在刀口上，做一次內容的觸及率越廣越好，懂得運用網路上的工具，可以將內容統一且集中在一次上傳到不同平台，降低時間成本的浪費。

相較之下Facebook集客能力好，可以藉由通知訊息號召粉絲，反觀YouTube需要事先訂閱，若想要有專屬CHANNEL要經營很久，比較難有擴散效果。但當一個新產品或新品牌在建立知名度的初期，可以先在Facebook上預告或直播，之後再導過去YouTube，甚至多做一支短版的15秒帶連結導購，之後再下廣告多曝光。

直播內容分類

銷售型直播 Sales & Promotion	生活型直播 Life
· 拍賣喊價 · 線上直售 · 間接置入 · 開箱評比	· 親子互動 · 隨意閒聊 · 正妹隨聊 · 吃給你看
知識型直播 Knowledge	**娛樂型直播 Entertainment**
· 讀書會 · 專業授課 · 顧問諮詢 · 算命/占卜 · 語言教學	· 唱歌/跳舞 · 綜藝 · 電玩攻略 · 電競比賽 · 搞笑嬉鬧

「最忌諱把粉絲當提款機！」

許多廠商做了行銷操作之後，都希望能求快求變現，但好商品一定要有支持者才能自然延續下去，當消費者看到商品曝光產生購買意願，直到採取行動購買，用了後會想到社交媒體分享這次良好的體驗，相對確立商品在消費者心中的地位和價值。消費者或粉絲一旦認同，就會為了這個商品採取積極社交行動，像是tag朋友、寫下心得文、發篇部落格文章等。所以無論廠商做多少行銷活動，都要專注在品牌溝通上，讓消費者清楚知道產品訴求並賦予動機去分享。只要有印象就會在市場上有口碑和聲量。

品牌要做得久，得回到經營商品的本質和定位，找到可解決消費者問題的主訴求，再成為未來溝通的主軸。舉例來說，廠商可藉由活動或留言搜集消費者的問題與批評，再針對這些提出說明和改進。不要小看客服的力量，細心且妥善的回應，並把消費者的聲音留在自家媒體上時，表示廠商很在乎消費者的購後感受，消費者肯定也會感受到廠商對於商品與服務的用心。經營品牌有個很重要的關鍵就是「溝通」，和消費者做連結，商品賣出去的那一瞬間，就是溝通的開始。

經營粉絲最忌諱的就是把辛苦經營的粉絲當提款機，好像廠商隨意推廣商品，粉絲們一定要買單，這類想法容易被粉絲看破，效果非常差，而且無法獲得信任。粉絲在乎的是從粉絲專頁上獲得有用、有料的內容。不是加入粉絲專頁後，每次都看到商品的廣告貼文，導流效果會變差。

粉絲很現實，看不到想要的內容就退讚了。例如，曾有出版社希望在我的粉絲專頁幫忙推薦新書，我不是不願意，而是我的粉絲不會喜歡這類資訊，不符合粉絲對我的期待，這就是長期品牌認知累積下來的現況。當粉絲願意付費，並且購買商品，則是品牌價值的體現。妥善運用圖片、影片、直播和文字，各種不同為了粉絲而設計內容的呈現方式，就是和粉絲溝通的方法。

品牌如果常常在粉絲專頁做低價促銷活動，粉絲自然只有在符合自身利益時，有好康的時候才會想看。但是，經營商品不可能天天低價促銷，犧牲毛利又不一定能換來相應的行銷效益，其貼文獲得互動不高時，同樣會造成觸及過低。觸及率一低，Facebook會把粉絲專頁評等降低一級，之後貼文的觸及率自然變得更低。要解的方法很簡單，有兩個：

1. 發文頻率拉高。
2. 增加可看性。

一旦失去了粉絲的支持，發再多貼文都不會有人看到，發了等於白發，粉絲專頁經營也是到了尾聲。尤其，Facebook打算提高使用者在社交世界裡的互動，降低純粹的商業貼文或活動，降低對於使用者的干擾，令Facebook回歸社交本質，這對於不用心去經營粉絲專頁內容的人而言，情形只會變得更加嚴峻，效果只會越來越糟糕。

額外一提，總是會有人問到，如果貼文寫得還不錯，內容有在用心做，可是觸及不高總是沒人看怎麼辦？提供個偏方小技巧，這也可以解。**早上發出後，沒人點讚或互動，稍微小改一下，中午可以再發一次，中午沒人讚，下午再發一次。**如怕粉絲專頁上的版面過多重複性內容，將舊的隱藏起來就好，反正就當作同則貼文丟三次，做觸及的累加提高人們看到的印象。因為不同的人會分別在不同的時段看到，即使同一個人看到也無妨，畢竟再看到時或許會解讀該則為熱門貼文。

雖然我們談了這麼多的數位行銷與廣告操作技巧，最後想告訴大家的是，經營品牌是一條很長的路，即使只做單項產品銷售，銷售者本身也是一個品牌，同樣需要建立起品牌認同，所以盡量嘗試開發不同的行銷方式經營才是長久之計，否則如果有一天Facebook和Google的演算法和現在變化又很大時，或者是經營不善服務結束，行銷工具又得徹底轉換等問題，苦心經營出來的品牌該怎麼辦呢？

經營品牌四步驟

Purpose Setting First

Awareness 曝光 .
盡可能獲取各種不同管道的曝光，刺激消費者重燃對品牌或商品的印象。

Brand Image 品牌印象 .
在消費者心中留下特定印象，成為腦海之中的印記，能與文字或圖像連結。

Volume 聲量 .
在消費者心中留下特定印象，成為腦海之中的印記，能與文字或圖像連結。

Performance 成效 .
透過行銷工具，具體取得行銷之目標效益，例如會員數、訂單、回購率等。

品牌或新產品數位行銷的流程與方法

	Inbound Strategy	Content Strategy	Search Engine Strategy	Optimization Strategy	Social Strategy
	Attention	Interest	Search	Action	Share
Owned Media	公司網站 公司部落格 公司論壇 公司粉絲頁	清楚精確的內容 完整明白的資訊 最新市場的情報	相關內容優化 頁面結構優化 關鍵字優化 各大媒體運用	便利的服務 直覺的介面	良好售後服務 產品品質優良 資訊內容對稱
Paid Media	關鍵字廣告 廣告聯播 EDM 聯盟推播	精采的創意 有梗的內容 好玩的資訊 回饋的特惠	關鍵字廣告 再行銷 定位	易讀的內容 多元的付款	精采廣告創意 有趣內容圖像 引導誘導分享
Earned Media	部落格文章 論壇貼文 新聞報導 知識問答	精采的創意 有梗的內容 好玩的資訊 回饋的特惠	網友回應 各種評價 內容星等 瀏覽人氣	親切的說明 好用的功能	中肯的發文 專業的內容 精采的資訊

Part4

精準找受眾，讓廣告投放產生最大效益

4.1 網路廣告的購買方式

【網路廣告是更具效益的行銷選擇】

電子商務近年來持續快速成長，有越來越多的零售業者，紛紛投入線上銷售的領域之中。過去，加入大型綜合電商平台，靠著其龐大的流量，可以為自家的商品找到銷售出去的契機。再加上消費者對於大型綜合電商平台的信任，零售商無需重新經營客群，僅需要將商品上架，配合產品經理做各式提高商品曝光的活動，即可將商品銷售出去。

可是，隨著電子商務的服務平台越來越多，而大型綜合電商平台，流量優勢不在時，零售商得思考如何找尋新的出路。尤其，當商品銷售量巨幅下滑，而大型綜合電商平台僅能為稍有品牌的零售商服務時，此時其他零售商必須找尋其他線上銷售方案。

隨著越來越多的開店平台出現，再加上數位廣告的技術快速成長，等於為這群零售商開啟了另一扇大門。要做線上銷售，關鍵還是在於流量是否能導入到自家的線上商店，而透過數位廣告，不僅能夠做到導流，還能精準地找到不同的分眾客群。再者是，數位廣告技術一日千里，零售商不僅能把流量導到自家線上商店，還可以透過廣告聯播網，將商品資訊以各種不同廣告素材呈現的樣貌，推送到各種不同的受眾族群之中。

另外，經由再行銷的方式，當受眾曾經到訪過線上商店，未產生購買行為，卻曾有將商品加入購物車、瀏覽過某個商品頁面時，間接等於對這些商品有購買意願，廣告可以在這群受眾離開網站之後，瀏覽別的網站的當下，繼續推送相關類似的廣告給該群受眾看，增加未來銷售之機會。

「數位廣告可計算可控的範圍比傳統廣告多。」

數位廣告成為零售業者跨足線上銷售的最佳選擇，雖然對零售業者而言，得花上一定程度的廣告費用，可是在妥善與縝密的操作之下，不僅能夠控管廣告成本在一定範圍內，還可配合其追蹤機制，計算出每一分廣告成本帶來多少的成果與效益。比起過去傳統廣告只能獲得曝光、注意，數位廣告已經可為零售業者所開設的全新線上商店，帶來可控的流量與可被預期的銷售量。

在過去，上述說法令人難以想像，很多經營者對數位的世界還存在著疑惑，沒想到在這幾年的急速發展下，數位行銷與網告，已能為企業帶來可被期待的收益。特別是**每一分廣告預算支出，還能對應到會員註冊、商品購買、加入預購**

等，廣告成為零售商在第一線的最佳銷售工具，導流不再像過去那樣抽象，而是可以更具體帶入足夠的人潮，轉換成令零售商驚艷的錢潮。

【廣告優化操作策略】

零售商面對數位廣告能帶來龐大流量的現況，願意為此不斷加碼投入更高的預算，因此數位廣告的營收每年均呈現約莫20%左右的增長。但，已經投入的企業早已熟悉對數位廣告能帶來效益的甜蜜，後進的企業，想要透過數位廣告獲取較高的流量，得付出高額的學習成本，甚至要藉由數位廣告代理商的協助，才有辦法妥善的將數位廣告操作出像樣的效益。

為此，不管是企業還是零售商，要令廣告帶入的流量能夠掌握在可控範圍內，必須組織性的去架構整個廣告操作策略。因為，數位廣告系統，可供所有人自由上去操作，不論是企業或個人，只要願意付費均能透過數位廣告系統平台，將自己想要宣傳的想法、理念，傳播到全世界之中。

可是，如操作不慎，未經過一段時間的訓練與學習，要經由數位廣告獲得期盼的效益，還是有其門檻在。這段不熟悉的過程，或許會造成過多不必要的廣告成本浪費，為了降低其成本的耗損，市場上開始有不少數位廣告代理業者提供廣告優化服務，降低企業進入數位廣告的門檻。

「操作數位廣告必須有清楚的邏輯與架構，方便隨時搜尋重組。」

搜尋引擎、廣告聯播網、Facebook與其他社交媒體，幾乎遍布世界各地。各種數位技術、社交媒體蓬勃發展，網路早已成為人們生活不可或缺的一部分。人們使用行動裝置，黏著在網路的時間已經比看電視還長上許多。因此，企業陸續將廣告預算從實體或傳統的世界之中，轉移到網路上，逐漸降低傳統廣告的預算，主要是數位廣告能帶來明顯效益，尤其在企業資源有限狀況下，數位廣告能精準控制每一分預算，如何有效操作數位廣告成了門大學問。

操作數位廣告，首先需要有結構化的概念。舉個簡單的例子，在電腦裡有所謂的檔案總管，藉著檔案總管，我們可以依照自己的想法與經驗，建立自己的檔案管理結構，方便在找尋資料時，可迅速的找到相關檔案。有些人，會為了自己的檔案設計完整又清晰並具備邏輯的架構，不僅方便找尋，還可以有效管理每一個檔案的狀態。

廣告架構一如檔案總管這舉例，使用者或稱廣告主，只要能操作平台，均可以自由上下架廣告，但也因為數位廣告系統平台僅提供功能，並未提供操作建議或是邏輯，這就有可能造成不熟悉的使用者，操作該系統時，隨意建立各種不同廣告組合。隨著使用時間越長，廣告帳戶裡的投放歷程變得一團亂，要監控不同廣告執行的效益也變得更麻煩。

廣告優化操作策略，目的是為了讓使用者或廣告主可以藉由清楚的廣告架構，觀察每個廣告執行的狀態，進而去做細部的調整，為廣告的成本與效益，找出最適化的平衡，並且深入去分析、發掘，廣告在不同媒體、不同受眾、不同出價、不同預算、不同走期，所呈現出的各種不同結果與面貌。令廣告投放操作不會造成額外的成本浪費，也能夠好好監控每一個廣告執行後的成效回饋。

雖然所有人都能用數位廣告系統投放廣告，但在數位廣告的世界之中，依照企業品牌知名度高低，其廣告投放方式也各有差異。舉例來說，具高品牌知名度的企業，運用數位廣告操作品牌曝光度時，可獲得相當不錯的回報，而這也是數位廣告系統的一大特色，畢竟純粹做廣告曝光，只要選對數位廣告工具，則可快速將廣告送到網路上的每個角落。因為，通常該品牌具有一定知名度，商品也進入大眾消費性市場一段時間，在各大實體通路可輕易購買到，也為消費者所熟悉，其產品力與市場認知都已具備一定的條件，商品無需線上轉換即可以銷售。

一般可用網路廣告定時定量操作的對象範例

具備 IP（智慧財產權）之業者 EX. 遊戲廠商	**大眾消費性品牌商品** EX. 洗髮精、保養品、飲料等	**汽車商品** EX. 新車上市、定期回檢、親子活動
醫美業者 EX. 宣傳各類醫美服務，加上案例	**授課單位** EX. 長期耕耘某類課程獲得注意	**運動服飾業者** EX. 機能服飾新品上市或特價等

「定時定量操作的優點。」

操作數位廣告，要看到、做到預期的效益，需要持續投放並調整一段時間才會顯現。主要是因不論廣告操作者是否熟悉，每項商品都得經數位廣告的持續且反覆操作之中，找尋出有效的精準受眾，才能獲得明確反饋。這群受眾怎麼被找到，有時不光只看數位廣告操作人員的經驗，還得先實際將廣告投放出去之後，試探該商品廣告在各個媒體之間，獲得的點擊狀況是否理想而定。

「定時定量」是適合網路廣告投放的一種方式，尤其要用來測試受眾時，持續且不中斷將廣告投放到各不同分出來的受眾，找出廣告與受眾的關係，可作為日後要加碼擴大廣告操作強度時的重要參考依據。受眾，普遍存在於各大媒體之中，不同媒體能接觸到的受眾均有一定程度不同，廣告操作人員能否掌握到一群有效受眾，將該群受眾做為廣告操作時的資產，會是未來控制成本、提高成效的關鍵。

廣告需穩定與細心的操作，維持廣告持續曝光，將廣告帳戶培養起來，長期穩定投放廣告，才能獲得較穩定的廣告投放效果。舉例來說，如果某廣告主，操作廣告有一搭沒一搭做，比起另一位廣告主，平常就有穩定投放廣告，在數位廣告系統判斷之下，持續有著各種豐富且完整廣告投放歷程，對數位廣告系統而言，當兩位不同廣告主對於同樣受眾要投放廣告時，肯定會讓持續有在投放廣告的廣告主優先令廣告出現在該受眾眼前。

另外，數位廣告投放並非漫無邊際或愛怎麼做就怎麼做，廣告預算有限，每分錢都得花在刀口上，需斟酌其投放後之回饋效果，監控總預算與出價之間的關係，持續在數位廣告系統中進行調整與測試，進而獲取期望的成效。建議要投放數位廣告時，可以準備多款不同的廣告素材，尤其是為了行動裝置而準備的素材，運用帶有情境銷售的短影片或全螢幕廣告等，透過各不同廣告素材設計，測試各類受眾的偏好，為品牌尋找溝通方向。網路廣告唯有頻率與次數做足，方能達成穩定的溝通效益。

「定時定量操作的原則。」

原則上，定時定量投放廣告，**以品牌知名度較高者才合適**，這類型廣告主通常具一定品牌知名度及消費市場認知，商品能見度不低並已進入大眾消費性市場一段時間，可輕易在實體通路購買到，即使不透過線上銷售，也無須擔心賣不出去的問題。簡單說，已經在市場上具備相當程度的市占率，消費者對於產品的認識已達到個相當水平。

像是知名飲料純喫茶，在消費市場上已具足夠認知，商品品牌鮮明的存在各個族群之中。此時，透過數位廣告操作的話，即可採取定時定量策略。好處是廣告預算不用太多，只要選對一定程度範圍的受眾，再佐以相關廣告素材將廣告曝光出去，看到的受眾們可能不需想太多，透過廣告裡的文案行動呼籲，搭配清楚商品圖，相對就可刺激受眾產生想要購買的衝動。

「定時定量操作的方法」

對於定時定量操作，**重點是定時且定期的重新將廣告更新再上架**。通常廣告操作人員，在操作這類定時定量廣告時，會因為走期拉很長，每日預算偏低，導致廣告效果疲乏。比較理想的做法還是定期重新複製一組新的廣告群組，讓廣告可以再次排入廣告投放的排程裡，然後偶爾更新廣告素材，讓素材不會因接觸同一群受眾頻率過高，導致受眾最後完全無感。再者是，定時定量要將預算控制好，最好廣告版位也分在不同的廣告群組之中，這樣才可有效監控在不同版位或媒體時的執行狀態。

投放廣告的平台建議能明顯區分開來，從裝置分可分出桌機、行動裝置，從媒體分的話則可各別選擇不同的網站。但Google與Facebook的廣告操作邏輯與功能都不大相同，要細分時，還是得依照實際現況而定。例如Google是運用關鍵字來定義出要投放的廣告媒體。

如果，真要每個媒體都細細區分開來，可能會造成廣告群組過多的狀況。此時可分群的方式，運用關鍵字的關聯性來做區隔會比較理想，好比說關鍵字本來就會有關聯性高的、關聯性低的、品牌類型的關鍵字、形容或描述類型的關鍵字等，從關鍵字的相關性來作為群組區隔的差異。

【利用廣告組合，增進效益】

在Facebook刊登數位廣告時，其整體廣告操作架構分成：⑴行銷活動、⑵廣告組合、⑶廣告三個部分。廣告組合可以用來設定受眾、出價、出價模式。廣告組合最直接與受眾產生關聯，因此一個行銷活動對應出來的目標，細分到廣告群組之後，最好不同的受眾，都可以各自在不同的廣告組合之中。這麼做的用意是方便觀察每個受眾在廣告組合上的表現狀況，另外一點則是可以快速決定該廣告組合其效益不好，是否還要繼續。

在完全不了解廣告組合的架構該如何設計出一套符合期望時，可先按照類型、平台、策略、活動區分為四大區塊，每一個區塊下又可繼續細分（請參見下圖）。區分的意義前述已經說過，藉由分出不同的受眾，對應不同的廣告投放意圖，並從中看出在不同版位的各別效益。

當廣告主將不同裝置與受眾放在同個廣告組合裡，可能會造成判斷哪些受眾在哪些裝置或版位的效果好壞，而無法

廣告組合範例

廣告組合

類型區分	類型區分	類型區分	類型區分
影片	桌機	新品上市	贈送
一般	行動	品牌宣傳	促銷
貼文	IG	話題商品	會員
粉專	聯播網	熱賣商品	參與

區隔出來，進而影響調整時的方向，難以根據受眾反饋回來的資訊分析廣告成效。建議還是多花點心思去細分廣告組合，這對於日後要做廣告優化時，會比較有跡可循，才看得到各別廣告執行的狀況，而不會一堆資訊全混在單一組合裡，造成哪邊好判斷不出來、哪邊不好也看不出來的窘境。

廣告組合當然不是只有以上四種分法，不論在Google還是Facebook之中，廣告組合其功能均為拿來瞄準受眾之用，甚至是選擇不同的媒體與版位。先不討論行銷目標為何，**廣告組合最適合用來觀察選定的受眾，在廣告素材正式上架，廣告開始執行時，每一群不同的受眾，其反應又是如何，會是操作廣告的人，要能洞察且分析出廣告執行效益的重要元素**。

4.2 廣告不再是買版位，是買受眾

【數位廣告崛起】

數位行銷因為數位廣告技術的發展，有了非常大的變化。行銷一直以來與廣告有密不可分的關係。但對於某些廣告主而言，行銷彷彿只是「買廣告」，沒有其他任何具體有建設性的產出。不過，在數位普及的年代，行銷能做的事情變得又多、又廣，而數位廣告又能協助行銷，在做任何資訊曝光時，有效的將資訊推進到每個一角落，令行銷與目標族群之間的溝通，變得緊密，進而在一連串縝密的操作之下，營銷變現將不只是空想。

隨著智慧手機、平板等行動載具，與各種社交媒體的廣告、視頻越來越普及，數位廣告也逐漸崛起。與早些年數位廣告還在萌芽階段不同。如今，廣告主在分配廣告預算時，不再只是從傳統廣告中抽取少到可憐的預算零星投注於數位廣告，現在，這些廣告主開始大幅度將廣告預算挪移至數位廣告的版塊，廣告預算的分配可以說已經產生明顯而劇烈的版塊位移了！

2008年之前，在廣告預算分配裡，數位廣告預算來自於

傳統廣告預算裡的一部分，因廣告主的不了解，其占比相對較低。

2009年後，因行動裝置大量普及，廣告無所不在滲透進入使用者的生活，廣告主需求大幅度變動下，數位廣告占比已有非常大成長。尤其在這追求廣告成效至上的年代，數位廣告藉由高科技技術演進，不僅可有效掌握每個到訪訪客是誰，還能追蹤該人在網路上各種行為，進而判斷出該訪客的興趣、嗜好。

「『昂貴』、『被綁架』的傳統廣告。」

傳統廣告媒體包括報章雜誌、廣播、電視及戶外媒體等，本文就以大家都熟悉的電視廣告簡單說明一下廣告購買的方式。

從電視媒體來看，廣告出現的時機來自於節目與節目中間的破口（空檔時間），如果該節目收視率高，該廣告時段的銷售價格也會相對提高。由於熱門時段能觸及到的觀眾對象相對多數，因此精打細算的廣告主只想買熱門時段，不想買冷門時段。畢竟每一分廣告預算都花在刀口上，可以不用多買沒效益的廣告，又何必多買。

可是，媒體或電視台當然不會單賣熱門時段，這樣冷門時段不就沒人買了，所以媒體通常會採取套裝方式銷售廣告時段，熱門綁冷門一起賣，再給個相對優惠的價格。對每個廣告主而言，廣告費用當然能省則省，遇到綁定銷售時，必然得額外再多付廣告費用。

除了直接銷售廣告時段。積極、主動的中大型媒體業者還會直接在節目中做置入性或原生性質的廣告，請廣告主將廣告預算轉入節目、戲劇的製作費，藉此抬高廣告主的費用，增加媒體業者的收入。當節目內容產出後，則會再邀請廣告主參與一連串的行銷、公關與造勢活動，並從中額外多收取費用。

這類型的電視廣告銷售方式通常需要數百到數千萬元的預算，除非廣告主的商品已具有相當程度市場能見度，且銷售通路鋪設完整，到處都買得到，或公司真的很重視品牌形象才會願意負擔，否則一般中小企業或新創事業實在很困難擠出如此驚人的預算進行電視廣告操作。傳統廣告不完全只有壞處，而是要投資在傳統廣告的費用相對較高，要怎麼購買成了一門學問。不像數位廣告可以一點一點的計較、計算。

運用傳統廣告還是有好處，像是在知名雜誌上出現的廣告，可能就會潛在於消費者心中，帶出該品牌的定位，信賴感間接產生。而數位廣告能呈現的世界，僅能在虛擬的網路世界之中，可傳統廣告卻可以用各種不同的形式與創意，與我們的生活結合在一起，即使無法做到追蹤成效的轉換，卻能夠帶給人們更為親密的貼合感，令廣告能融入消費者的日常生活裡。

「數位廣告能有效掌握訪客的身分。」

相對於傳統廣告，現在的網路、資訊技術，讓數位廣告可提供斤斤計較廣告預算的廣告主更理想的廣告方案，不僅大大提升了廣告主期待的投資報酬率，也讓廣告不再止步於「曝光」與「資訊揭露」。

事實上，**數位廣告**如今儼然已經成為全球媒體應用的主要趨勢——不僅**可以有效掌握每個到訪訪客的身分，還能追蹤該訪客的各種網路行為，判斷出對方的興趣與嗜好，進而提供針對性的廣告，讓廣告效益直接而明顯出現**。廣告花了多少錢，獲得多少曝光、點擊、觀看、參與、轉換，都可以清清楚楚被計算出來。

從DMA（台灣數位行銷經營協會）調查報告可得知，2017年整年數位廣告預算，已到達將近300億台幣規模，並且還在持續成長之中。傳統廣告雖然沒有成長，但卻因為雜誌媒體一本又一本收掉，有些廣告預算事實上正在逐步降低。影響整個市場的關鍵還是在於大多數的消費者或稱使用者，已經緊緊與網路黏在一起，行動裝置更是讓使用者無時無刻盯著看。廣告存在的意義，在於使用者目光到哪裡，廣告就可以跟到哪裡，而現在多數使用者已經將眼球轉移到行動裝置上，這也是為何傳統廣告慢慢衰退的理由。

「購買傳統廣告與數位廣告的差異。」

常聽到「買廣告」，你知道究竟是買什麼嗎？以下就藉由「版位」的概念，來統一說明傳統廣告與數位廣告分別「買」什麼以及怎麼買。

在電視新聞媒體、內容媒體上，其主流銷售策略依舊用賣廣告時段與版位的方式賺取營收。廣告能賣高或賣低，收視率有很大的影響。目前計算收視率會採取GRP（總收視點數：Gross Rating Point）的算法來看。例如該節目收視率為10%，共購買了四個時段，該節目的GRP值為4×10＝40。這是一個衡量標準，卻不一定能精準描述出該節目有多少人正在收看，以及廣告是不是真的會被看到。

另外，戶外媒體、家外媒體的廣告銷售重點雖然一樣可視作版位，但更重視該廣告出現的地點與位置。例如在高速公路旁邊的T霸，其效果真的很難評估。但是捷運車廂內的廣告，因為每天有大量的通勤族會看到，如果有效的去設計其廣告創意，同樣能吸引到不少人的目光，為品牌帶來強大的曝光效果。而這類廣告，通常計價來自於該時段通勤的人數多寡，平日與假日，連假的平日與假日都有其差異。

至於數位廣告「買版位」的方式，則是看「位置」、「版面」，收費方式採用每千次曝光（CPM：Cost Per Thousand Impressions）或每次點擊（CPC：Cost Per Click）。**曝光次數越高、點擊數可能越高，廣告主則得付出越高費用**。

由於跨國巨型企業Google與Facebook不斷推出強大的數位廣告技術工具，讓數位廣告銷售模式不斷進化，也教育出一大群非常會算、非常會買的超級媒體買家。因此，越來越多網路媒體迫於廣告主對成效的要求，開始採用國外提供的廣告平台機制。這些廣告機制能「間接」辨識出到訪網站、APP的用戶「輪廓」，以及在其他服務、網站發生過哪些「行為」，進而猜測或預測出他們的「興趣」，滿足廣告主對廣告績效的期待。

傳統廣告與數位廣告購買方式的比較

	傳統廣告	數位廣告
涵括範圍	電視、廣播、報章雜誌、車體廣告、戶外看板等	網站、APP
目標群眾	一般廣泛大眾	用技術標記受眾
購買標的	版位與創意	位置、版面等
收費標準	時段、地點、收視率、GRP等	每千次曝光（CPM）、每次點擊（Click）

【廣告受眾的浮現】

雖然，大部分人買網路廣告（或數位廣告）時，還是習慣挑「版位」購買，可是實際上挑選版位的方式已經無法滿足手上擁有百萬、千萬預算的廣告主了，精明的廣告主們現在想要購買的不再是版位，而是「受眾」。

由於「廣告技術」及「數據管理」的蓬勃發展，我們從原本完全無從得知進入媒體的訪客身分，到現在不僅能知道他們大概是誰，還能知道對方可能喜歡什麼樣的內容、當下的情緒狀態、最近參與過哪些類型的事件，甚至於對方有哪方面的興趣或嗜好。進而針對這些資訊，拆解，重構分析之後，直接提供該用戶可能會感興趣的資訊、廣告，讓發布出去的廣告能產生更明顯效益。

過去廣告發出去，千辛萬苦出現在媒體上時，廣告主並不知道誰會看到。但現在因為數位廣告技術能追蹤到每個人對於內容的好惡，同時在每個不同內容所駐足停留的時間，令廣告主知道該位受眾，可能是對什麼樣的內容有興趣，因此推導出該受眾可能是什麼類型的人，進而藉此分析出該名受眾的輪廓與特徵，用側寫的方式將模糊的人，清楚的定義出來其心理個性及狀態。而這些看廣告的訪客就是「受眾」，換句話說，廣告是真真實實的接觸到某個可以被模糊辨識出來的人，而不是連誰看過都不知道的窘境。

「數位廣告的每個受眾都能透過標籤化做出辨識。」

每個受眾均是透過資料收集與資料分析系統，反覆用各種運算分析模型來做出辨識，將受眾輪廓模糊的定義分辨出來，然後再透過標籤化技術，將每個受眾的行為與閱讀的內容，一次又一次的貼上各種不同標籤，進而分類、分群與再辨識而來。經過許多繁雜的數據處裡技術，各種資料分析人員、各領域的專家協力合作，逐漸將其受眾的輪廓描繪清楚，甚至貼近某些類型的真實人類。這些網路數據、不同面相的分析、猜測出來的各種可能性，都是為了讓「受眾」輪廓更清晰明確，為了令系統能夠認識每個受眾，幫助廣告主更輕易、更明確地針對有效的受眾投注廣告預算。

受眾的輪廓資料越明確，在廣告主投放廣告至受眾時，從廣告執行之後的成果分析，比較能有所本的分辨出該群受眾是不是真如自己所想，還是受眾的選擇根本就錯誤。有判斷依據時，廣告就有優化改善的條件，再次調整受眾選擇不同的廣告溝通策略，都可以為數位廣告執行時的成效，帶出更為值得期待的效益。**數位廣告要變現，全靠數位廣告技術明確、清楚定義出來的受眾，進而令廣告在接觸受眾時，能確實打動到對方，令受眾採取行動，為該次廣告執行帶入可**

期待的成效回饋。

【買版位到買受眾——數位廣告的大幅演進】

「受眾」一詞說來看似易懂、不難，可在電腦世界裡卻很抽象，必須運用演算技術將輪廓、行為、興趣三條件組合起來，透過各種心理分析模型與脈絡，將用戶一類又一類地歸納出來，再針對他們即時的行為、行動，把各種資料收集反饋回到系統之中，一點一滴地把這些根本不知道是誰的用戶，從原本非常模糊的樣態，漸漸地明確化、清晰化。然後廣告主就可以針對這些被辨識出來的受眾設定廣告預算、版位等條件。

為了確認廣告受眾，實際上要運用到的廣告技術包括：大數據（收集大量用戶資料、行為）、雲端運算（在極短暫的500毫秒中透過大量電腦運算成各種複雜處理）、機器學習（Machine Learn）、深度學習（Deep Learning）、人工智慧（從猜測發展到預測，然後提供結果），以及很重要的前端應用介面等，透過這些技術的運用，廣告購買者可以輕易地完成設定並發布廣告。

這些技術的運用可以帶給廣告主什麼樣的優勢呢？這就好比給廣告主一把經過精密設定準星的槍，讓廣告主可以精確瞄準對方（受眾）——知道自己瞄準的是誰、做過什麼事、喜歡吃些什麼、與哪些人可能是朋友等，然後我們再提供彈道分析、彈著點分析、風向濕度與溫度分析，不僅讓這把槍發出的子彈可以一槍命中，還能得到各種事後分析。

簡單來說，就是「**數位廣告能精準鎖定受眾**」，或許還做不到百發百中，但至少比起傳廣告的盲射、亂射好多了。

【數位廣告服務衝出一片天】

現在的廣告主們不像過去只知道「買」，他們還很在意廣告的「投資報酬率」（ROI），要求「投入一塊錢要能賺回十塊錢」，而數位廣告帶來的轉變，讓廣告不再侷限於只出不進的「花錢」活動，而是真正可以為企業帶來獲利的機會。

現在的數位廣告技術涵蓋的面相相當多元，有專精於記錄與分析、有專精於報表、有專精於後端與架構能力的API（Application Programming Interface，應用程式介面），還有專精於前端介面整合與應用能力的「功能」。廣告主購買數位廣告時，可視需要一併選購服務。

只要妥善運用數位廣告，不僅能為企業帶來營收，還能在較短的時間內獲取大量的客戶或名單，所有過去難以想像，甚至於傳統廣告領域無法提供的好處，數位廣告都能為你達到！

4.3 數位廣告如何替企業變現？

【數位廣告生態系介紹】

數位廣告平台的兩大核心，分成「需求」與「供給」兩方。

需求方由廣告主（Advertiser）所組成，供給方則是由發布方（Publisher）包含媒體、平台、服務、APP組成。

需求端的服務功能為需求方平台（DSP：Demand-Side Platform），供給端的服務功能則是供給方平台（SSP：Supply-Side Platform），在這兩者之中可用資料管理平台（DMP：Data Management Platform）作為串接起兩方服務的重要橋接服務。

DSP負責廣告主的廣告投放意圖與期望，SSP則是掌握廣告版位還有受眾，兩方均累積相對的數據資料，藉由DMP將兩方的資料做整理、歸納，進而分析再到運用，替DSP做出可供設定之分眾功能，再替SSP做到使用者輪廓、版位價值等定義。

廣告技術服務生態圖，從下頁圖中可以看出不同應用服務彼此之間的關係，以及各個服務所扮演的角色各自不同。

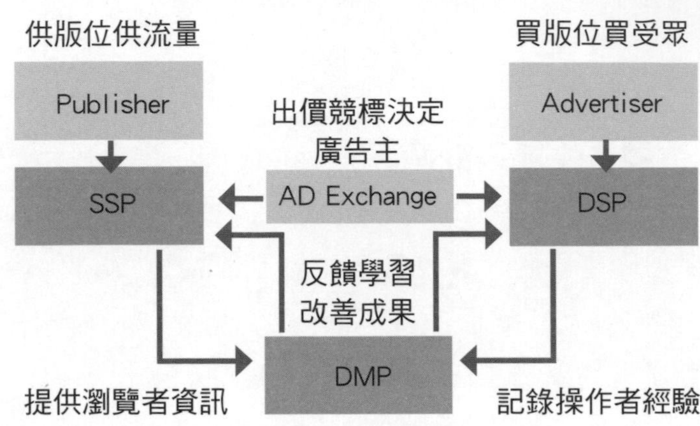

供給方提供的廣告版位，有時不一定只進DSP，而且一個版位不一定對應一個DSP，甚至還可能提供給廣告交換機制（AD Exchange）使用，尤其在廣告交換機制之中，可能是許多的DSP、廣告中介機制（AD Hub）、廣告網絡（AD Network）所組成。

同樣的，在需求方能夠投放的廣告版位之中，通常會串接到複數SSP，或是直接至廣告交換機制中去取得廣告版位投放權利。要在廣告交換機制之中運作，因應對接上的DSP、SSP眾多且廣泛，所以即時競價機制（RTB：Real Time Bidding）成了決定廣告版位交由哪個DSP投放的重要依據。

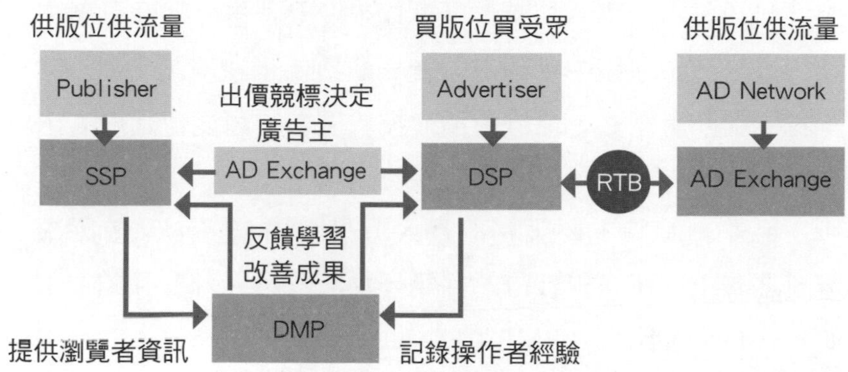

廣告技術串接AD Exchange，可以擴大取得廣告曝光量（受眾與版位）的來源。

「單一ADP串聯多組AD Exchange的好壞處。」

一如DSP不會只串接單一SSP，在DSP上游有代理商交易平台（ADP：Agency Trading Desk）。單一ADP可同時串接多個DSP、Publisher、AD Network等，其主要存在目的是為了替跨國大型品牌廣告主，藉由單一機制平台，進行一次性的高額預算廣告採購，省去跟各不同DSP或是Publisher的龐大溝通成本。

廣告投放版位可能涉及多個國家、多種受眾、多種出價與預算之組合，所以這類大型品牌廣告主，多數委由代理商透過ADP集中採購，同時向多個DSP投放廣告。好處是廣告主的預算可全球集中管理，並統一購買，但壞處是各大DSP本身機制都有差異，純粹用ADP投放廣告，可能會造成廣告細部設定或獨特差異化的功能無法正常使用。

另外，ADP主要服務的是大型品牌廣告主，又會因廣告主之需求，將廣告版位的採購分類、分級、分群採購，例如，私有交易市集（PMP：Private Market Place），即是如此。PMP可供廣告主品質較好或者限制較多的廣告版位，用以保障廣告主的品牌形象，但通常PMP不會放到公開廣告市場進行交易，而是多由掌握高額預算的代理商出面洽談與整合，也因此要買到質優量好的廣告版位，還是得經由大型代理商所使用的ADP為主。

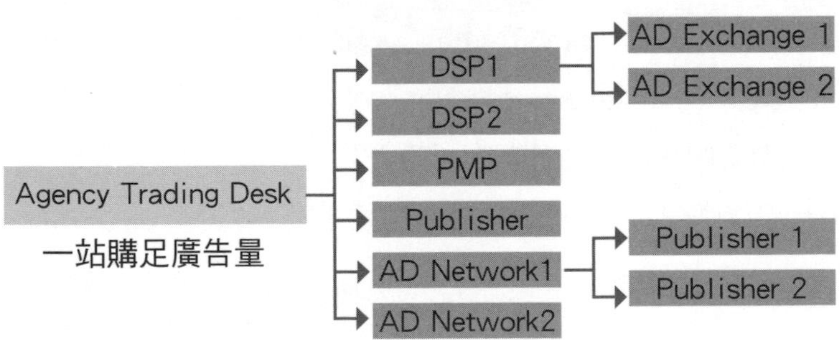

代理商交易平台，一如DSP可以串接多個廣告聯播網，ADP則可串接多個供給廣告曝光量與版位的系統。

【數位廣告計價模式】

數位廣告購買模式從原本「版位」到「受眾」，已有非常大的變化。只靠版位曝光曝光的商業模式，難以滿足現代投入高額預算廣告主的需求，所以在廣告購買模式上，變得越來越多樣、多元。

例如，從每千次曝光成本做購入廣告計算基礎，再到每次點擊成本，重視其點擊率（CTR：Click Thought Rate）之優化，來作為與媒體代理商互動與往來的預算談判重心。

隨著數位廣告技術越趨成熟與複雜，開始出現以成效計價（By Performance Charge）的購買模式，像是手機遊戲業者，最在乎每次安裝成本（CPI：Cost Per Install），以及安裝後使用者實際開啟遊戲，建立設置角色的每次行動成本（CPA：Cost Per Action）。

再深度談到後續使用者的生命週期價值（LTV：Life Time Value），並且具體要求廣告效益要能追蹤並連結到用戶平均貢獻上（ARPU：Average Revenue Per User），這對提供數位廣告服務的代理商而言，已成為了相對不得不面對的挑戰。

舉例來說，電商業者或稱零售業者，相當重視網站平台人潮多寡，畢竟人潮等於錢潮，在自然流量導流不易狀況下，幾乎多數點擊進入購物平台都得靠數位廣告導入。可是，純粹導流難以滿足急欲獲利的電商業者，所以從CPC會買到每個用戶成本（CPL：Cost Per Lead），並且做到每筆訂單成本（CPS：Cost Per Sale）來反算整體的投資報酬率該落在哪些範圍之內才符合原先預計的目標設定。

其他還有每次觀看成本（CPV：Cost Per View）、每次聆聽成本（CPL：Cost Per Listen）、每次接觸成本（CPE：Cost Per Engagement）、每次獲取成本（Cost Per Acquisition）、每次反應成本（CPR：Cost Per Response）等，隨著數位廣告技術能支援追蹤末端用戶實際採取行動的不同，做出各別成本區隔差異的計算，其相應廣告購買模式變得豐富。

【因應市場而生的數位廣告技術分工】

有的公司擷取資料、有的公司運算資料、有的公司做計算分析系統、有的公司做成效優化、有的公司做自動購買，各式各樣的公司在數位廣告生態系領，各自成為彼此供應鏈上的上下游關係。由eMaketer在2011年發布的「全球廣告支出預測」報告之中提到，2015年將達6,000億美金，其中網路廣告占20.2%到1,320億美金。

相隔四年後，再從eMaketer發布2015年的報告中不難發現，**數位廣告市場逐年增長，2015年實際已達1,710億美金，且行動廣告成長比例最大，占全球廣告市場642億美金。其主因來自於龐大使用者瀏覽網站或內容時，均透過行動裝置**。

原先為人所詬病的行動瀏覽體驗，隨著智慧型手機螢幕越來越大，改善許多使用者在購買、瀏覽、搜尋時的體驗，也間接推動，並增加數位廣告以「蓋版廣告（注6）」的形式接觸使用者。雖然始終為使用者所詬病，但卻間接改善數位廣告在邊角不被注意的問題。蓋版廣告大幅提高廣告被看到的機率，佐以數位廣告技術，精準鎖定受眾，數位行動廣告成長非常強勁。

數位廣告投放比占大宗的為「消費性電子商品資訊」以及「化妝品保養」，其主因來自於這兩大類別的產品均在線上建立各種銷售管道，藉由數位廣告導入的大量人流，進而轉換出可觀驚人訂單，獲得非常高額投資回報。除了線上品

6 經營媒體的業者，因為行動裝置畫面相對較小，無法像是在PC版上面置放較多廣告在不同的位置上，因此會採取整個畫面蓋住的方式呈現廣告。當用戶看到該媒體的某篇新聞報導、專欄文章，在還未閱讀到文章之前，一個大大的廣告蓋住整個畫面，通稱蓋版廣告。後來，不只行動裝置上有用蓋版廣告，其廣告曝光效果與點擊效果均不差，因此連在PC裝置上閱讀內容，有的媒體也會用大型的蓋版廣告來獲取使用者目光。

牌旗艦店之外，有些廠商還會多通路上架，包含綜合型商城、拍賣、購物中心等，為此，廠商們得無所不用其極的經由廣告、口碑等操作，將人流導到相關通路，提高商品被銷售的機會。

為了搶食數位廣告這塊大餅，數位廣告裡的各種提供相應服務公司也變得多元多樣，像是有些公司專門做數位廣告操作，為客戶帶來廣告成效；有些則是專門做廣告採購，可以購買到一些比較好又質量優的版位，替品牌客戶帶來解決方案；有些則是混合著做，甚至自己投入研發資源，進入數位廣告的技術領域。

【數位廣告在台灣未來發展隱憂】

消費者對廣告的認知、印象，不如過去多數人以為對廣告具有強烈的抗拒感，反倒是因為廣告技術越來越精準的辨識出消費者是誰，且連結其喜好，數位廣告正式成了各大網站、媒體的一部分內容。**只要瞄準的族群正確、溝通的方式清楚，通常廣告能輕易看到各種不同層面的效益回饋**。

數位廣告發展一片榮景，卻也衍生潛在問題。當大部分廣告主只追求效益，在效益無法有效提升下，大幅壓低廣告購入價格，而整個機制沒有底線的任由廣告主去做各種壓力測試時，媒體（Publisher）成為直接受害者。越來越多媒體不信任DSP、GDN（Google Display Network 多媒體聯播網）、AD Network，因為多數廣告預算有「過高」ROI要求，不顧一切要達標的狀況下，只得犧牲龐大曝光量供系統機制去測試，**純粹靠著賣曝光的狀況已經不存在，多數客戶不願購買單純曝光型廣告產品，間接犧牲多數內容生產者的權益或利益**。

另一個隱憂則是不論國內或國外，許多數位廣告預算幾乎被Google、Facebook、Yahoo給占住。而這些龐大預算全都流往國外，幾乎沒有留在國內，這也導致台灣幾大數位內容媒體發展受限，無法雇用更多的員工製作優質內容。

同時，為了要將流量變現，得不停追求流量最大化，於是採取許多誇張、不實的文字內容包裝，騙得消費者點擊，進而才從上述三者之間獲得一些廣告分潤。舉例來說，某些新聞網站的數位廣告營收，按照其流量對應到廣告曝光量，正常的話，廣告營收應該可落在一年2億至5億之間，但透過Google而來的廣告分潤，可能只剩下一年不到5,000萬的離譜收入。

「廣告預算沒有流入到台灣媒體裡，現況對消費者而言相當不利。」

當內容生產者無法獲得相應收入時，商業模式也沒有產生根本性的變化與轉型，純粹只是靠流量變現的媒體，只好用最低廉、最簡單的方式製作內容，例如轉載行車記錄器、同樣一則文章換五種寫法、標題殺人法拐騙點去看、滿滿沒人想看的粗糙業配文、舊聞老文……等，只炒作有流量的議題。

內容沒有深度，長期下來，被動性的消費者思考與行為被過度扁平化，而廣告相對沒有太多需要成長的空間。因為消費者只是單純的被本能慾望給驅動著，哪怕廣告創意全無、廣告設計差勁，只要看得懂就會有人點，有人點就有機會成交，對廣告的創意、設計、溝通、策略等發展，沒有帶來任何一點助益。

分析媒體與廣告之間的發展現況，台灣整體數位廣告市場，處在一個多輸局面。

【數位廣告普及後的影響與變化】

各類廣告技術工具緊緊綁住廣告主的需求，從各種不同面向最大化滿足。廣告主只得選擇擁有最多目光視焦的平台投放廣告，並可明確精準辨識收視眾的特徵跟狀態，精細計較每一分廣告展現的效益。

在這樣技術深度夠與滿布各類內容的平台上，廣告預算只會越來越多，占據龐大市場分額。可在這市場裡的每一個參與者，不管是媒體或廣告主，都只不過是附屬品，附屬在Facebook、Google之下，為跨國企業們作嫁，無法為自身產業或市場帶來正向成長機會，連同利潤也只能夠過微薄的「服務費」勉強替廣告主操作罷了。

「Facebook與Google的強勢與競標制度，讓廣告主萌生轉換媒體採購之念頭。」

2013年後，多數代理商漸漸因Facebook、Google的強勢，不得已只能屈就於服務客戶的角度繼續操作，可另一方面，有越來越多的媒體，因為無法透過Google或是Yahoo等大型聯播網獲得「適當」的利益，於是本土廣告技術提供廠商，佐以銷售通路與經驗，開始了另一波重新整理的契機。

媒體為了生存，其銷售模式退回原本早期由代理商、經銷商銷售的模式上，依狀況移除各大廣告聯播網的廣告，改以針對客戶客制、設計的廣告產品為主。其銷售價格遠比過去經由Google來的要多出十倍、二十倍。但，廣告主是不是能接受還是個變數。不過2015年起，已有許多廣告主開始受不了Facebook與Google因廣告主積極競標，進而逐漸推高的廣告費用，漸漸萌生轉換媒體採購之念頭。

消費者或是網站使用者，對於廣告的反應也越顯疲乏。因為大量低俗粗糙的廣告，藉由程序化自動購買機制，廣泛灑到使用者面前。而那些以前還能吸引使用者注意的廣告，因為趕快、測成效，粗製濫造的廣告，令使用者產生疲乏與無感。

對廣告主而言，廣告投放金額因競價關係，每次廣告展現或點擊的單價持續提高，但廣告帶回的成效卻不是每個廣告主都吃到甜頭。使用者又因媒體無法把持好該有的體驗，導致閱讀內容成了一種負擔，廣告被間接透過各種技術阻隔，整個產業雖然市場不斷增加，但廣告主、媒體、技術提供者、使用者之間的關係日趨嚴峻，對市場未來發展狀態並不理想。

「數位廣告必須不停的優化與調整才可能真正變現。」

數位廣告雖能為企業帶來變現的可能，但同時也因為投入的競爭者越多，造成廣告成本增加，因此在操作面上更加吃重操作人員的專業與技巧。要廣告成效做得好，絕對不再只是隨意將廣告上架而已，還得花費許多心思設計各種廣告策略，不停地進行廣告優化與調整，這才能為企業帶入穩定的變現可能。數位廣告工具變得普及，令所有人都能投入，可是想要具體做到變現，依舊考驗著企業願意投入的深度有多深。

4.4 了解即時競價，準確打中受眾

【RTB是什麼？】

談RTB之前，我們先來複習幾個重要的名詞——DSP、SSP及AD Exchange，這三項構成了網路廣告購買的基本生態系。

DSP（Demand Side Platform，需求方平台）負責滿足廣告主的需求，幫助廣告主高效率採購網路廣告，代表廣告主；SSP（Supply Side Platform，供應方平台）主要負責管理廣告資源與流量供給，讓網路廣告更好賣出，代表媒體平台；AD Exchange（廣告交易機制）則是負責搓合以上兩方的中間機制，用來作為DSP向SSP取得廣告版位，與SSP提供廣告受眾給DSP準備要出價時，兩者溝通的廣告交換機制。

而RTB（Real Time Bidding）中文為「即時競價」，是一種網路廣告即時競價購買機制，網路使用者訪問某網站，在該網站上的廣告點擊行為馬上回送到AD Exchange，AD Exchange再把相關訊息傳送到DSP，所以當廣告主在Google、Facebook等廣告平台下廣告時，設定廣告的過程

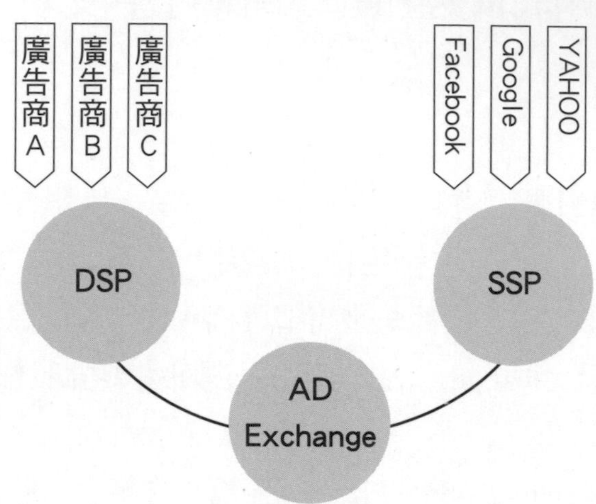

中會看到「廣告出價」，然後系統會提醒廣告主「建議出價」，購買該曝光版位。

具體來講，因為Google與Facebook靠數位廣告平台，服務全球所有的廣告主，而廣告主想要購買的受眾出現時，這些受眾誰能買到、誰無法買到，則看廣告主的出價高低而定。但是，因為同時間出價的廣告主非常龐大，非常多，受眾要看到哪個廣告，在一進入網站的瞬間即需要趕快確認，因此競價機制得在很短的時間之內，要求串接AD Exchange的每一方數位廣告系統，得在100毫秒以內完成出價，這樣才能讓受眾看到廣告。

「即時競價在極短的時間完成決定由誰曝光。」

為了要在很短的時間內完成出價，數位廣告系統除了得遵循100毫秒的規則，同時在自家數位廣告系統內服務的廣告主，也得在很短時間內計算完成所有廣告主的出價狀態。

競價買受眾的好處是，當廣告主找到一群受眾相對較少人投放廣告時，而該受眾對於該廣告主的廣告反應較好，此時可能可以用較低的金額買下該群受眾。至於未來該群受眾不會不價格提升或是下降，全看所有在平台上的廣告主怎麼選擇受眾，以及對於購買受眾每個廣告主認定金額的高低差異而定。

廣告出價與競價的過程，運算時間非常短暫，每次廣告播送出去，其曝光所帶來的點擊結果經過分析後，被套用到下一次廣告投放時的參考條件。經反覆分析、套用，整個因應受眾而生的競價演算模型變得越來越複雜，但廣告主投放廣告，對於出價不是很了解時，透過建議出價的功能，反而變得越來越簡單。

特別提醒，不是所有出價競價機制都需要做到所謂的「即時」。要做到即時競價機制，關鍵還是在於其競價的對象非常非常多，而數位廣告系統各自有其不同的運算時間，如果時間不一致，就會造成有的人出價成功、有的人無法出價，為了避免這種狀況，才會要求出價必須要在100毫秒以內完成。如果該數位廣告平台沒有到指數級的廣告主在背後出價，更沒有串接世界上無數個廣告交換機制，其實也沒有必要特別投入開發即時競價機制。

競價機制相當複雜，以下舉實例說明。

前提

A、B、C三位廣告主同時競購甲媒體某天的「廣告曝光」，甲媒體當日可涵蓋的廣告量為500個CPM（1CPM=1,000次曝光），即50萬次播放量（500 CPM×1,000次）。

	廣告主A	廣告主B	廣告主C
預算	10,000元	10,000元	10,000元
出價	10元	10元	10元
廣告走期	0～24點	0～24點	0～24點

按廣告主投入的預算，每位廣告主的廣告，理應可以被播放1百萬次的（預算10,000元×播放量1,000次÷10元），這也是每位廣告主最希望的，事實上需進入競價階段。

實際廣告競價過程：

第一階段

最簡單的，就是由A、B、C三位廣告主均分50萬次的播放量，如此每位廣告主的廣告都可以被播放166,666次（500,000次÷3人），只需花費1,666元（166,666次÷1CPM，即1000次曝光×10元），每位還可以剩下8,334元（10,000元－1,666元）的預算。

看起來很理想，問題是每位廣告主都期待可以得到全部的廣告播放量，也就是可以被播放1百萬次，由於須與另兩位廣告主分享，所以廣告只能被播放166,666次，足足少了833,334次的播放量！

第二階段：對策→增加廣告預算

A希望可以增加曝光量，所以決定增加廣告預算至2萬元，以爭取更多廣告量，B和C仍維持1萬元預算。

面對A增加廣告預算，廣告廠商非常心動，想賣更多廣告播放量給A，但此舉可能會削減B、C的播放量，也許他們會因此抽走廣告，反而失去客戶。所以，廣告廠商必須想辦法保留B、C兩位客戶，又能滿足A的期望。

為了留住B、C，避免A吃掉全部的廣告播放量，所以必須限制A的播放量比例，並分配適當播放量給B、C，廣告廠商藉由權重記分來分配比例。原本大家預算一樣，所以都分到約33%的播放量，但A增加一倍的預算，重新調整播放量A：B：C=40%：30%：30%，A得到20萬次（50萬次×40%）的播放量，B、C則各為15萬次（50萬次×30%）。

第三階段：對策→提高廣告出價

A發現廣告預算增加至2萬元後，只增加了33,334次（200,000次－166,666次）的播放量，還是沒達到他的理想播放量，增加的部分也只多花了333元（33,334次÷1CPM×10元），廣告預算還是消化不完，所以，接下來，A不僅增加廣告預算，也將廣告出價從10元提高到20元。

此時，A的廣告預算與廣告出價都比B、C高出兩倍，所以權重記分又不同了，廣告量比例重新調整為A：B：C＝60%：20%：20%，A的曝光量增至30萬次（500,000次×60%），B、C各為10萬次（500,000次×20%）。

A的廣告量增加了，但廣告出價也提高，實際支付的廣告費用增為6,000元（300,000次÷1CPM×20元），預算餘1萬4,000元。B、C還是1,000元（100,000次÷1CPM×10元），A支付的廣告費用顯然比B、C多上許多。

為了避免廣告主對廣告預算、出價及廣告播放量產生期待落差，或是看到帳單後大發雷霆，廣告廠商最好針對出價金額進行演算，算出「建議出價」與「實際扣款出價」等模型。

「最適化廣告排程。」

上例中，若按照廣告預算執行，三位廣告主最後得到的結果應該是公平的，但實際上廣告主並不會這麼認為。他們除期望廣告「被曝光」外，還能「被點擊」，甚至「被轉換」。因此，得針對ABC三人做到「最適化廣告排程」。

所謂「最適化廣告排程」，就是針對廣告主所想要的曝光量，進行相應的排程。因為受眾上線的時間不一定，再加上受眾對於廣告看到的反應都不同。站在廣告系統設計的角度，**受眾願意點擊廣告，會是廣告主想要的結果。因此廣告的曝光時機點，會跟受眾上線之後接觸廣告呈現正相關**。如果，廣告丟給沒興趣的受眾，該受眾沒有產生點擊，久而久之廣告主會對數位廣告系統喪失信心。

要贏得廣告主的青睞，受眾在過去對於廣告的反應記錄很重要。這過往記錄，會成為廣告是否要送到受眾面前的關鍵。最理想的狀態是受眾過去對於該類型的廣告有著濃厚興趣，都願意點擊，此時廣告主的廣告出現在眼前時，廣告被點擊的機率也會提高。可是，並非每次都會準確，因此廣告出現的時機點，得不斷經過各種運算，讓廣告出現的排程能夠更加貼近受眾，盡量避免廣告出現時造成受眾無感而令廣告主感到該系統無用。

假設A、B、C的曝光量相同，廣告播放量固定，但因為廣告素材有差異，如「單一頁面多廣告」及「單一版位多廣告」（計算基礎不同），廣告的點擊狀況便有所不同。

廣告素材會影響廣告的點擊

單一頁面多廣告

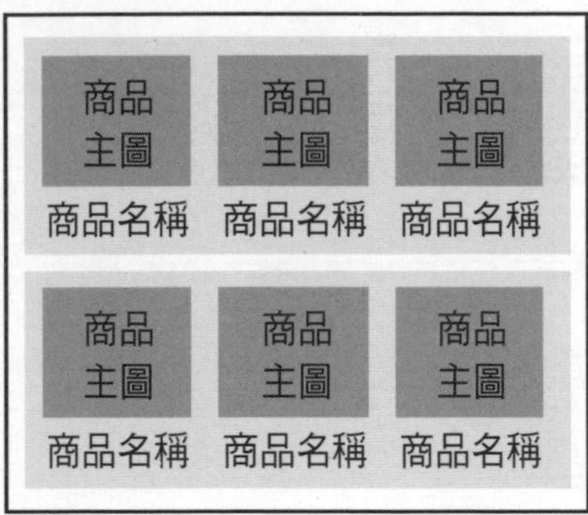

單一版位多廣告

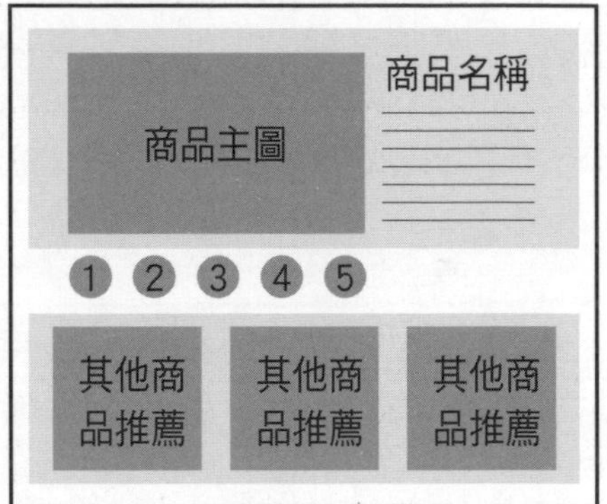

「廣告版位與呈現方式會影響點擊意願。」

單一頁面多個廣告，意指受眾進入某個網頁之後，該網頁上有六個不同的廣告版位，而受眾瀏覽該頁面時，即可在當下於單一頁面上，接觸到六個不同的廣告。至於單一版位多廣告，指的是廣告輪播，好比說受眾在瀏覽某個網頁時，停留時間較久，此時該版位的廣告會經過幾秒就輪替成下一個。

若A的點擊數較高，B、C較低，系統會計算A為什麼獲得較高的點擊，比較同樣的播送量與播放時段後，先針對B進行調整適化工作，拉出實驗組B，藉此判斷究竟是誰好、誰不好，還是純粹機率問題。此時，播放廣告的排序可能由原先A→ B→ C→A→ B→ C→ A→ B→ C→ A→ B→ C→ A→ B→ C……改為 B→ B→ A→ C→ B→ B→ A→ C→ C→ C→ A→ B→ B→ A→ C ……，暫時強化B的播放量，一段時間後再重新檢視B的點擊量有無成長，也檢視A的點擊量是否下降，C有無變化。

若B的點擊數量有增加，系統便會記錄下此一排序為「可能有效」的廣告遞送排序。若是A下降，但下降幅度不大，則表示A的廣告素材真的較具優勢，而B得靠較多的播送量才能獲得較高點擊。

若B點擊量未提高，A變動不大，C變動不大，接下來便是對C進行調整適化工作，改以C為實驗組，檢查C為什麼能在播放量降低之後，點擊效果依然不變，是素材較好、或恰巧遇到對的對象、或播放時段剛好正確……，逐一記錄各種條件，並反饋系統，逐一調整廣告播放模式至三方都滿意。

【RTB愈複雜，買廣告愈簡單】

為了讓廣告主感覺付出的每一分錢都值得，避免以為「廣告出價」是為了拐他們付更多錢，廣告不能只有「被看到」，還要「被點擊」，就要讓廣告變得有價值。**RTB機制能夠對每次廣告播送的結果進行分析，並直接套用於實際上的應用，再將結果反饋系統，加入演算模型**。

由於廣告有單一頁面多廣告及單一版位多廣告的情況，每個版位能獲得多少點擊都與時間有關，使用者每次上網時看到的廣告不同、停留時間也不一樣，為避免無效的廣告播送，宜進行「時段切割」，將一天分成十二個階段，每個階段兩小時，每個階段（兩小時）的廣告播送與廣告點擊都是下次計算的基礎，並每兩個小時做一比較。

援上例，A、B、C三位廣告主點擊效果好的時段都不一樣，A是早上九點到十一點、B是中午十二點到下午三點、C是晚上八點到十二點。同樣的比較基礎下，若A前兩小時優於B、C，微調降A的播放量，並提高B、C播放量；如A被降低播放量，但點擊量不減，B、C卻反而提高，則提高B、C在該時段的播放量。

「RTB機制經由競價能準確判斷受眾的點擊狀況，不要貿然更動。」

然而，廣告主可能預想對自己有利的時段，譬如A的優勢時段是早上九點到十一點，但A卻自認是晚上七點到十二點，所以提高出價購買該時段，為避免A的廣告在七點至十二點間播出，無端浪費了，又影響到C的廣告播放效果，這時就要透過RTB機制，由系統判斷A的出價狀態，假設出價遠高於建議出價的數字，可能是「真的很想要強調這時段的廣告播送」（也可能是「不小心按錯出價金額」），所以要再以C為評估標準，衡量C在同時段裡還有多少廣告預算，以及還未播放的廣告量，或者有無更動過廣告出價。

若C的廣告預算還剩很多，廣告播放量不如原先設定的排程，出價也沒有變動，貿然變動C，會讓C覺得廣告預算花不完，該系統很差勁，建議還是先回頭檢查廣告點擊較理想。

縱使系統經判斷後，接受A提高出價的需求，讓A買入他想要的時段，給予較高播放量，還是會去計算A在該時段裡的點擊狀況，假設點擊狀況不理想，系統會「自動平衡」A與C的出價範圍。

隨著時間累積，RTB演算模型會越來越複雜，甚至會辨識廣告素材在排版、組成、文案、商品、日期與季節等因素的影響下，如何創造最好效果，增進點擊、加入會員、購買、參加活動、安裝、看完等，每種結果都被反饋到演算系統裡，廣告購買也就變得越來越簡單了。

4.5 搞懂需求端平台，廣告才會有效

【會被看到的廣告才有銷售價值】

過去，網站的部分營收來自廣告，所以通常網站會附帶廣告機制，而大部分的網站經營者都認為既然自己有辦法開發出一套有滿滿上架機制的網站，再做個廣告機制應該沒什麼大問題。

所以，從1999年到2008年左右，建置網站的模式大多是先建網站再建廣告機制，廣告機制的設計核心或原型不外乎是廣告上架、廣告管理、廣告排程、廣告報表等，遞送廣告的方式主要採用「隨機」（Random）遞送，根本無法掌握廣告的效益。

舉例來說，若某網站的首頁一天有100萬次瀏覽數，在該頁面上有五個廣告版位，每個廣告版位理當都能得到100萬次的播放數並被看到100萬次，所以網站通常是這麼算廣告價格的——100萬（單日瀏覽數）×5（版位數）＝500萬。

但實務上五個版位的位置不同，解析度1280×1024的螢幕，打開瀏覽器，就只能看到三個廣告版位，另兩個版位會

手動左右拉動頁面，否則落在螢幕外的版位就會被忽視，「廣告點擊成效」一定會比較差。

不過，隨著網路技術越來越進步，網路廣告出現的模式也大不同，如Facebook的頁面會自動「刷新或重載」，所以統計頁面瀏覽次數的方式改為計算「每次頁面自動重新載入」的次數。

又如YouTube或KKBOX這類線上串流服務則是「頁面不刷新，但廣告會刷新」，廣告會自動輪替變換。由於畫面不動，頁面不會刷新，所以頁面瀏覽數只有一次，但因為網頁內容可吸引使用者停留較長時間，讓使用者眼球持續停留在該頁面，所以計算廣告瀏覽次數的方式就變成「N秒變換一次廣告」與「每個廣告呈現的頻率限制」。

「每個廣告呈現的頻率會因為受眾反應而不同。」

決定廣告呈現頻率的多寡，還是得看廣告主的出價與預算而定，尤其數位廣告已經轉為買受眾為主，如果同一個廣告在同一個廣告版位出現多次之後，還無法引起受眾點擊，此時該廣告是否適合再繼續出現於受眾眼前，變得很重要。**每次廣告曝光都是對數位廣告系統獲利的計算依據，廣告曝光數過高，點擊數過低，則會令廣告主對於廣告產生無效的看法，因此每個廣告呈現的頻率，均會因應受眾反應而有所**

限制。

不管是哪種方式，都對廣告成果數據報表、Google Analytics的數據分析或其他第三方服務數據會產生相對影響。因為曝光量計算基準的不同，還有媒體是否願意面對廣告曝光量因受眾的行為而被減少，進而降低廣告可銷售的曝光量，至今還是充滿許多爭議。但2017年起，Google已針對那些沒被看到卻被提早載入的廣告，不計入廣告收費的範圍。同時，警告媒體不要用刻意的手段操作廣告曝光數，不然將會終止合作關係。

廣告系統的三種形式

瀏覽數常態變動	廣告版位與廣告呈現採均量呈現
瀏覽數非常態變動	廣告版位與廣告呈現採自動刷新呈現
瀏覽數不經常變動	廣告版位與廣告呈現採輪播刷新呈現

總括來說，廣告曝光量（Inventory）越大，就能賣得越多，才能拉高收入，換句話說，商品（即可銷售的數位廣告，包括版位、時段等）存量有多少就賣多少，存貨越少，銷售量就越少，銷售單位在意的是存貨量夠不夠賣，廣告主在乎的是買到的貨（如曝光量、能見度、點擊數等夠不夠，即廣告的效果）是好是壞，這就是為什麼有業者催生出**DSP服務，即從廣告主的需求端出發，提供其所需的服務內容**。

【廣告量定義】

如前所述，廣告有量才有得賣，質好才會價高，所以定義廣告的「量」很重要，胡亂定義可能會造成量多、質差、轉換效果差，導致廣告業務推展困難。

「真流量即為有效的流量。」

過去，各大網站自建的廣告系統較像SSP，主做流量供給，忽略廣告主的實際需求。但買單的人是廣告主，廣告主要的是「買到對的廣告，廣告要能帶入效益，效益最好能轉換成具體的收入或回報」，所以對廣告主來說，有沒有流量很重要，更重要的是流量必須是有效的。

事實上，會上網瀏覽的有真人，也有機器人，講白了，就是流量有真假，有統計資料顯示約25～30%的流量是假的。假流量的來源不外乎是機器人爬資料、當跳板、做假量等，但大部分的廣告系統都無法分辨流量真假，通常必須與第三方合作才能分辨，但基於成本考量，大多數的網站擁有者並不願意投入。

「正常點擊。」

除了真假流量問題外，也要區分流量點擊狀態。每個網路使用者上網時都會分配到一個IP，不管是固定還是浮動的IP，只要該使用者對網站單一頁面反覆不停重新載入、或用多標籤重複開啟、或使用程式進入閱讀，就會影響「廣告量計算的最大值」。

什麼是無效的點擊

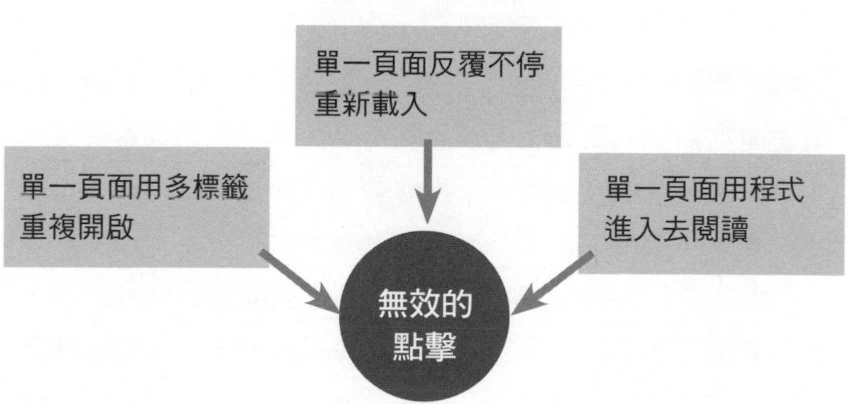

如果廣告主買到的廣告量是某些使用者針對特定頁面反覆重新載入，造成廣告曝光數不斷提升的假象，實際上，點擊一次都沒有發生，廣告主就會將該網站廣告列為無效，之後要再吸引廣告主上門會很困難。所以，廣告量定義除了必須區分真假流量，還要依照使用者行為去辨別流量正常與否。

「使用者的Cookie與瀏覽歷程。」

確認使用者是否為真實的自然人還有一個方法，就是透過讀取使用者儲存於瀏覽器裡的Cookie 或是Session。存取Cookie來做為計算基礎，俗稱Cookie Base。廣告平台須徵得使用者授權以讀取Cookie，及驗證該使用者的使用行為有沒有「非自然狀態」。另外，媒體也得允許數位廣告平台置放相關的Java追蹤碼，才能獲得用戶瀏覽時的Cookie。

每個網站在設計系統時，多多少少都會存些Cookie在使用者瀏覽器中，Cookie裡的資料很多、很雜，但主要是「使用者瀏覽網站的瀏覽歷程」，廣告平台將分析模型套用於這些資料中，以定義出使用者的輪廓，了解使用者的興趣、嗜好與閱讀模式。

大部分的Cookie都屬於「被動性主觀解讀」型的內容，並不會儲存個人隱私資料，若綁定會員帳號，會員的性別、年齡、地址、收入、家庭、嗜好、個人介紹等可能依照授權程度可被不同網站取得。隨著各大網路平台的廣告資料交換越頻繁，與Google、Facebook、Yahoo帳號登入後可取得的服務越多，網路使用者的使用行為與使用脈絡就越容易被形塑出來。

其實，Google、Facebook、Yahoo推行ADS Exchange，

就是為了清除掉無效廣告量，留下有意義又具有含金量的客戶資料，作為日後投放廣告時參考。這些資料被藏在各大DMP最深層的核心裡，很難取得，大多也不會釋出，這也是為什麼Google、Facebook都提供DSP了，一堆DSP業者還要額外花費重金做DMP的原因，**只有將「最後關鍵」的操作行為掌握在自己手上，才能摸索出消費者的常態性消費意圖**。

【將流量轉換為受眾才是廣告主想要的】

所有的廣告平台都不可能告訴廣告主：「嘿！這邊有一群流量轉換效果很好的使用者等你丟廣告喔！」因為DSP提供者無法預知廣告主的廣告訴求與廣告操作意圖，但是卻可以透過前文提到之區隔流量的方式，將流量變成各式、各樣、各類型的「受眾」。**當流量被轉換為受眾，讓「適當的廣告接觸到」含金量高的使用者，而不再只是單純的曝光時，廣告就變得有價值了**！

誠如前面所說，DSP業者怎麼可能預知廣告主的意圖是什麼，非得等廣告主開始操作廣告、設定分眾、投放廣告時，DSP業者才能知道廣告主的廣告意圖與「哪一群的分眾直接相關」，才能辨別該廣告對哪些受眾有效、哪些沒效，並統計出使用者在點擊廣告之後的轉換行為，找出有效設定分眾以獲得較佳轉換率的規則，這就是DSP提供者必須滿足的「需求」。

因此，除了想辦法獲得受眾的資料，DSP業者靠著廣告主操作廣告系統的歷程與脈絡，也可以分析出廣告投放的意圖，從廣告主身上學習廣告投放的商業邏輯，進而將這些商業邏輯用在其他廣告主身上。而目前在運用這類技術最為成熟的，莫屬程序化自動購買（Programmatic Buy）較多。

【出價高者擁有優先權】

廣告操作投到有效的族群，我投別人也會投。廣告系統中龐大巨量的廣告主，同時投放同一群人時，就只能比誰出價高，出價高者就擁有較高優先權，這就是RTB管理的核心原則。為了滿足廣告主感覺投放的廣告有達到「適當」成效，DSP系統必須經過反覆交錯的不斷運算，並在運算過程中適時建議廣告主「出價策略」。

舉例來說，廣告主（廠商Ａ）針對15歲的使用者族群投放廣告，播放1,000次廣告帶來10次點擊，點擊率是0.01％。再針對20歲族群播放1,000次廣告，卻帶來50次點擊，點擊率提高為0.05％。該廣告主發現原來20歲族群才是目標受眾，所以加大預算強化20歲族群的播放量。不過，其他同業（廠商B）也可能發現這種狀況，甚至找出更多有效的族群，於是彼此開始競購廣告。

DSP系統若只看數字提供相應廣告量的話，很可能發生廠商B預算少但出價高，廠商A預算高但出價低，所以系統幫廠商B安排較高的播放量，而廠商A的廣告轉換成效好，廣告量卻被降低，反而喪失廣告量，以致廣告成效無明顯成長；廠商B雖獲得相應的廣告量，可是因為原本轉換率就普通，即使獲得廣告量，表現還是普通；且因為廣告表現不佳，一陣子之後，廠商A就會自動降低廣告預算與出價。

為避免這種狀況發生，DSP系統得根據前文提到的「廣告量定義」，回歸到廣告播送序列，即時平衡廠商A與廠商B的關係，設定受眾的重複性比例。

簡單的說，每個DSP提供者都有自己的競價機制與演算法，提供廣告主適當的出價建議。如上例，即便A、B廠商的預算、出價、走期與受眾都一樣，但廣告素材、到達頁面帶來的轉換成效肯定都不同，假設A的轉換成效好，B不好，若提供雙方同樣的出價建議，A一樣成效好，系統就會讓A獲得較多播放量，B則一樣不好。

所以系統會依照A、B的實際廣告執行狀況，自動配置適合雙方的廣告排成，讓A依然保有良好成效，B則獲得一組播放量、點擊量皆尚可，但轉換不一定提高太多，實際的廣告花費沒有增加的選項。實務上，廣告系統無法真正做到完全的公平，但站在廣告系統的角色，能盡量賺到A、B的廣告預算，才是優先考量的重點。

不過按照上面的廣告排程，實際做下去還是會有盲點。系統建議時，建議的是過去依照歷程得出之演算基礎，無法預知未來。所謂無法預知未來也就是不知道下一個同樣的廣告主C何時會進來。因此，廣告量的分配、配置，怎麼能夠妥善提供給廣告主就變得更複雜。

複雜的地方在於不清楚廣告主何時會進來競賽，假設我們為了留下A、B廣告主都可以持續投放廣告，而A設定的廣告播放量是100萬次，B設定的廣告播放量是50萬次，可是廣告量一天的總量是800萬次，那這時候沒有更多競爭者出現的狀況下，系統會採取「自動補足接近平衡」的方案。

「用不完的剩餘流量會分給其它DSP。」

假設A、B看到的報表會是一如他們先前所設定的播放量，但實際真正的播放量也許遠遠大於他們本身看到的數字，好比A會是500萬次，B則為300萬次。補流量有一個很重要的重點，也就是補流量後的演算必須是一套獨立的運算模型，不能作為主要影響原始演算法的絕對因素，不然就會造成原始演算法的配置失準。

失準的理由很多，但跟時間還有其他混亂因素有關，不在原先既有的廣告配置計畫裡。另外就是，剩餘的流量，有的DSP會拿來接其他DSP的廣告。

例如A、B只買到150萬次的量，那剩餘650萬次的量沒人買就放著浪費嗎？肯定不會，則是會將這些流量分給其他DSP，接受播放他們的廣告進廣告系統之中，而這時，就得看DSP串接AD Exchange的狀態而定。

廣告曝光量在數位廣告的世界之中，是廣告銷售的重心。不論受眾有多少人、是誰，廣告曝光決定了受眾能否接觸到的關鍵。為此，整個數位廣告生態係，常有DSP串接DSP，或是DSP串接AD Exchange的狀況，甚至是DSP與SSP整合在一起，然後單串特定媒體等。**只要能獲得較大的廣告曝光量，自然也能分析找出受眾，畢竟，受眾就是來自於每次進入網站的訪客，訪客到訪該頁面時，所帶來的瀏覽量某種程度也能解釋為廣告可能曝光量。**

4.6 客戶的精準資料怎麼來？

【DMP能為你做什麼？】

從事媒體代理業的朋友，為了探求企業合作的機會，傳來一份關於別間公司的廣告聯播網業務開發簡報，他在這行業的資歷不深，但對於數位廣告有著濃厚興趣，其中提到了「DMP」，他問我「DMP」是什麼？

如前所述，DMP即所謂的「資料管理平台」，也就是管理資料用的平台，只不過，管理什麼資料、這些資料從輸入到輸出，又能做何種應用……可有各種不同的變形或變化，說來話長。

重點是DMP究竟可用來做什麼？簡單舉例，就像一位氣象學者，只要能掌握足夠的大氣資料，即可透過這些資料來預測天氣變化；同理，**廣告聯播網若能夠掌握足夠的網站使用者足跡（即Cookie與瀏覽歷程），就能藉此判斷該使用者的興趣、嗜好等，說的更明白點，就是可以區分出有效的廣告受眾族群**。

【DMP技術如何運作？】

DMP的技術應用要能派得上用場，並能為數位廣告平台帶來穩定的收入，難度非常高，所涉及的專業與技術領域既深且廣。所以，截至目前為止，真正敢高喊能應用DMP技術的公司，不外乎IBM、Oracle、Salesforce、Google等大型資訊企業，一般企業要利用DMP技術來做廣告系統，說實在，真的有難處。

廣告系統的DMP技術到底是如何運作的？用文字解釋DMP看似簡單、容易理解，但實際上，要實作到能夠正常商轉的程度，所須完備的專業技術遠遠超過全部文字所能描述的，實際應用時會更複雜。在還沒有真正進入實作之前，光用嘴巴講，實在很難想像一套能夠精確瞄準使用者的資料分析系統得耗費多少成本與資源，絕對超乎一般人的想像。

在這隨口都能講幾句大數據的年代，人們關注的焦點不該只有數據，而是數據有了之後能夠怎麼使用，還有怎麼將這些數據資料變成能夠變現的工具。如果說數位廣告平台能為廣告主變現，那DMP就是為數位廣告平台變現的工具。因為，**廣告主想要買的受眾，全部來自於大量的數據收集、統整、歸納，最後進入分析，再經過一次又一次的計算受眾資料，將其精準度提高，令廣告主在購買受眾時，能真正買**

到具有轉換效益的受眾。

「如何收集資料？」

為了要增加受眾的準確性，或是擴大可以投放廣告的受眾，通常DSP業者為了打造DMP，會向外部廠商購買資料。一般來說，買到的資料不外乎是存放在使用者端的Cookie。為什麼業者要跑去跟各大網站要Cookie資料，甚至用買的？因為這些Cookie裡面的資料很多、很雜，但是基本上都會有「使用者瀏覽該網站時的瀏覽歷程，甚至是其他網站的歷程」。

Cookie如何蒐集客戶資料？

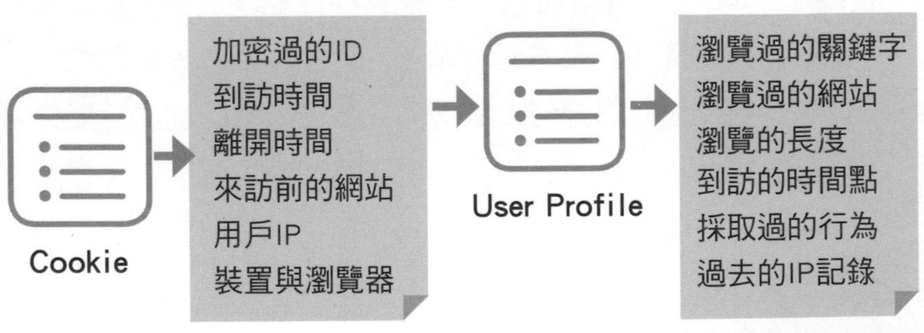

Cookie裡存的資料大致上如上圖，一般來說也無法存太過於複雜的資料，但經過妥善設計的DMP，能將這些資料進行多次處理，甚至將原本的Cookie轉換成受眾個人檔案。

網站訪客到了各個不同的網站，只要該網站上有放廣告聯播網業者的Code時，該網站訪客每到訪一個不同網站，就會在瀏覽器端存放一個Cookie，然後廣告聯播網業者再去取回這些Cookie檔案。

每個Cookie檔案，都代表了該名網站訪客的各種瀏覽記錄，從這些瀏覽記錄之中，再一一的把相關資料以標籤化的技術貼入該訪客的受眾個人資料檔案裡。此舉反覆操作之下，可以越來越精準的將受眾輪廓描述得更準確。

Cookie轉化的過程

除了Cookie可取得使用者的網站瀏覽資料，其他的方法還有Session、API、SDK等，就資料精準性最高的，通常還是能夠以API串接方式取得該網站、應用程式的使用者資料。但通常使用API還得透過雙方技術人員額外開發程式來接收資料，因此在這類型使用方式相對較少DSP業者要進入數位廣告技術領域，其門檻難度最高莫屬「取得使用者資料」。實際上，廣告平台並不是真正取得使用者興趣相關資料，而是從大量的Cookie中去解讀出龐大的使用歷程，經由自身設計出來的分析模型，套用到哪些大量的資料中，進而定義出使用者輪廓，了解使用者的興趣、嗜好與閱讀模式。

像是，「使用者經搜尋引擎或直接連結點入某網站，該網站屬於某個聯播網裡的一個網站。使用者進入該網站後，點擊 A 頁面，然後看了 A 頁面某個內容後，被引導到點擊廣告 B，而後在 B 的到達頁面上連續點擊 C、D、E 至各個不同頁面。」同上，該使用者以類似但不規則的方式造訪其他網站，不論出自於什麼動機或是理由。

一般來說，廣告聯播網的技術提供者，會提供一段Code給網站主（publisher）定版，請他放在網站要置放廣告版位的地方，其作法因人而異，不細談各自差異。又或者有些廣告主，為了要追蹤廣告轉換成效，會放廣告聯播網所提供的Code在指定到達頁或全站。

兩個Code都會做一樣的事情，都是用來存取使用者瀏

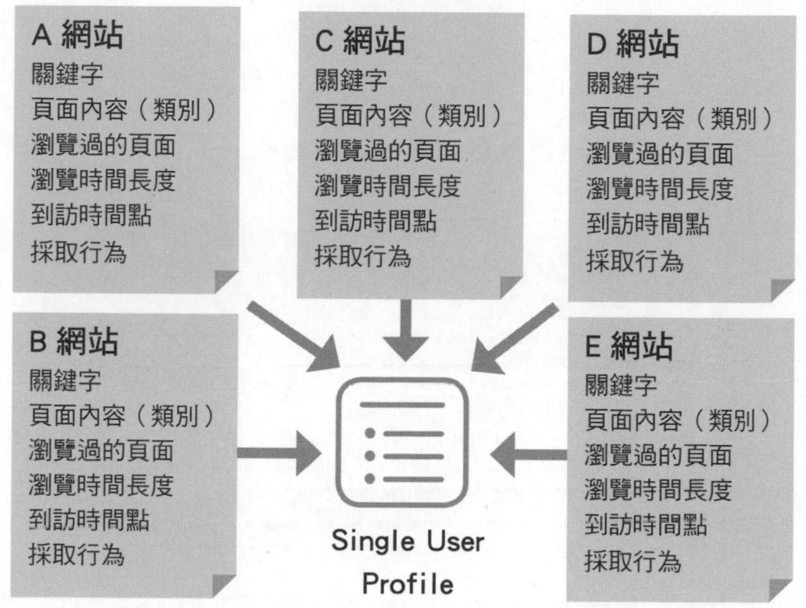

覽器（Browser）端的Cookie。Cookie則是使用者造訪該網站時，會被存放在瀏覽器本機端的暫存檔，該檔案簡單記錄了一些資本資料、到訪網址等。

網站經營者加入廣告聯播網的服務後，網路使用者透過搜尋引擎或直接連結點進入某網站，只要這個網站是屬於該廣告聯播網服務的網站，網路使用者就會被導引點擊該聯播網的廣告。

一個網站就在一個瀏覽器存取一個Cookie，然而一個網站每天有數十萬個瀏覽器到訪，Cookie就存取數十萬個下來。有的網站更甚者會儲存一個以上的Cookie，特別像是某些網站用了五、六個廣告聯播網的廣告Code 之後，使用者一造訪該網站，可能就在瞬間被立刻儲存五、六個以上的Cookie。

歸納後受眾瀏覽網站廣告的路徑

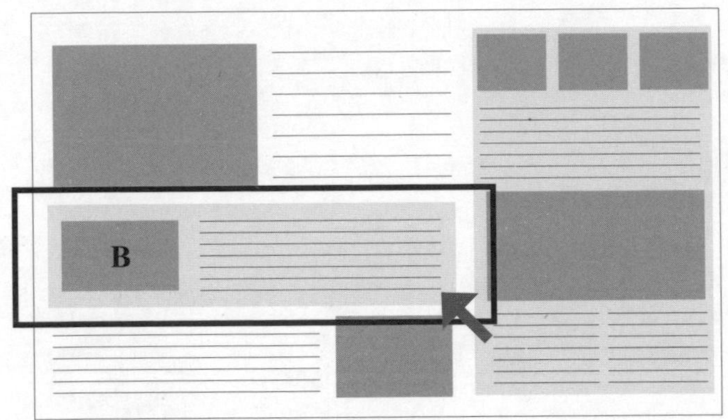

B網站的廣告出現在入口網站首頁

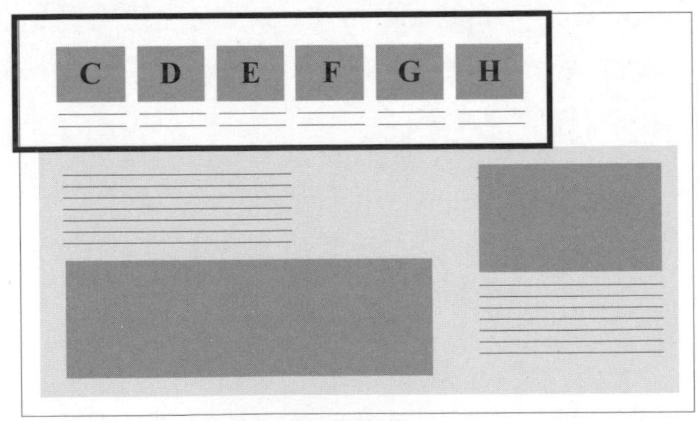

點擊B網站廣告，到達頁面出現更多廣告（廣告C～H）的連結

廣告聯播網技術提供者，靠著提供給網站主的Java Script code（追蹤用程式碼），蒐集大量Cookie回來，運用Cookie進行使用者的興趣與行為分析。在此，我們稱這類資料來源類型為Cookie based，其他還有 API（應用程式介面Application Programming Interface）based，經資料庫串 API的方式把資料傳送出來供第三方使用。

使用者程式碼（code）運用流程

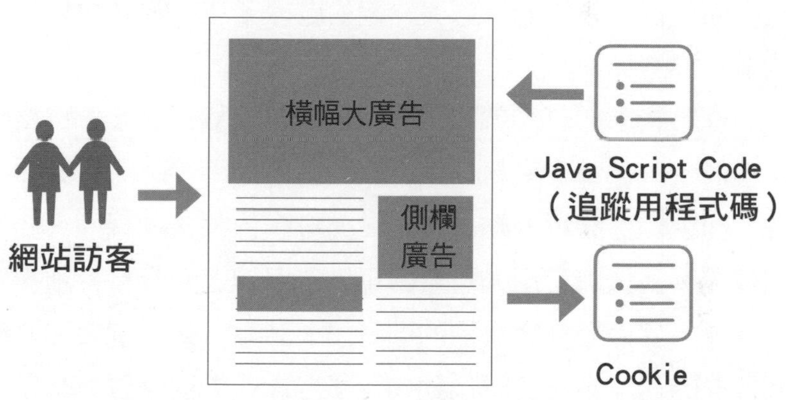

通常會用到API based，大多網站本身必須稍具規模或具足夠技術力，不然額外要請技術人員開API出來給第三方接，得耗費額外的多餘成本，倒不如直接讓對方放Code要來得直接。這兩者資料精準度差異很大，願意給API接的網站占少數，可是API能接到的資料卻是相對精準、完整，而

且可以經過設定所得到的資料。

「資料用準確傳送，必須要洗掉無效數據。」

廣告聯播網藉提供給網站主的Code蒐集到大量的Cookie後，接下來就是進行「資料清洗」的動作，也可以稱為「數據清洗」。首先，要洗掉無效值、空值、不合法值，再做異常檢測、重複處理等，我們可以想像這個過程彷如壓榨高級橄欖油一樣，要經過一道又一道的處理工法，將其中無意義的資料篩選掉。

資料量小的時候就算了，但當資料量越來越多、資料庫規模很大時，每次資料傳送進來後都得花不少時間去做「清洗」的動作。簡單一點的資料，靠電腦依照某些規則、條件去清洗，盡量將有用的資料留下來，但如遇到資料特別複雜的狀況，就得另外靠特別的演算法來計算，然後還要加速每次清洗的速度，不管哪個動作，都得靠「機器學習」來做，這又是一個大領域的的學問，我們就不繼續討論。

資料清洗完之後，要再進行資料歸納、歸類，將各種不同的資料分門別類儲存好，這些資料有的有用，有的根本是垃圾，可是在還沒開始使用之前，沒人會知道龐大的資料背後究竟分別代表什麼。

好比要在龐大的亞馬遜叢林裡找尋某個有特定顏色或味

道的果實，得從數都數不清的林木裡，逐一慢慢翻找。怎麼正確找出資料果實，也是要靠著一條又一條技術人員嘗試設計出來的路徑來翻找。

有些廣告聯播網希望能提供廣告主優質的流量，所以他們會針對清洗過的資料再做第二次的篩選，篩選掉垃圾流量傳送過來的資料，包含點擊機器人、資料爬蟲、網路攻擊等各種非正常人為的資料。清洗過後，只留下真正造訪網站的自然人使用者，再針對該群使用者進行資料加工與校準。

是不是每個廣告聯播網都願意這麼做，也是因人而異，坦白說，真的要是這麼一路清洗下去，可能會洗掉一半的網路使用者，必然會引起網站經營者的不開心。

DSP之於 DMP 所對準、對焦的廣告受眾，在於使用者能不能依循著廣告主意圖、意念，接觸到廣告之後進而採取行動，這是每個DSP業者面臨的最大挑戰。如果DMP定義出來的受眾過度籠統模糊，則可能造成廣告主設定受眾時，認知差異過大，廣告素材接觸到受眾時所產生的反影效果不佳，DSP自然就難以獲得廣告主的認同。

但這背後處理的是極為龐大又難以理解的資料，資料的正確性低。為了要加強資料正確性，在系統尚未成熟的早期，都得透過大量人工辨識的方式來輔助或標記，直到機器的行為到達一定準確度。例如，機器做的跟人做的相似度達70% 以上，此時某些資料就可以交由機器自動判斷處理。

由人與機器之間反覆的協作，提昇資料可用性，最後能成為可以轉換為營運資金的廣告平台基礎是DMP 設計時的原始核心要素，而這段路隨著越發展越深，則會進入到人工智慧的領域，那處理資料與運算的速度、規模跟量級，又是另外一個完全不同世界的事情了。

不過，**隨著技術研發人員掌握資料運算與分析的訣竅後，受眾將會越來越快被找出來，甚至藉由機器自動去辨識與學習，研發人員只要調整分析模型，即可快速在龐大的資料之中，將各種不同類型的受眾辨別出來**。

DMP運用方式

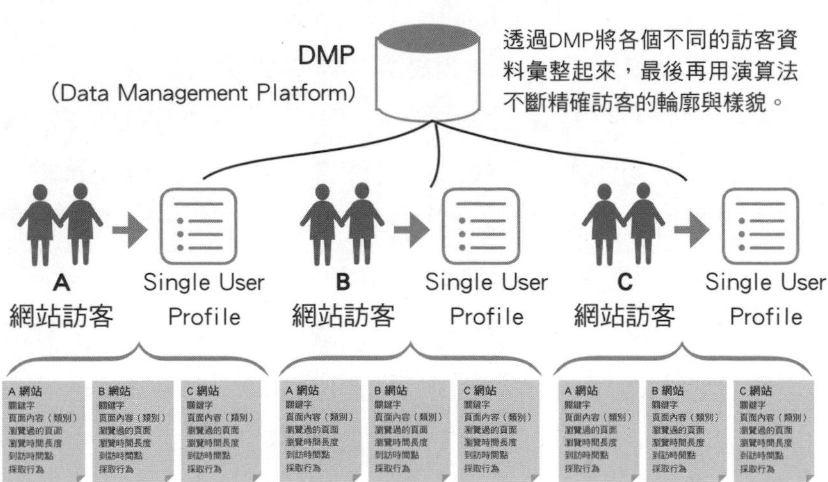

4.7 集客後的運用才是金流的關鍵

【存取受眾資料運用】

在上一篇文章中，我們談到如何透過Cookie存取網路使用者瀏覽過的網址及各種點擊資訊，匯集各種資料到廣告聯播網的DMP系統做資料清洗、篩選，促進數位廣告效益。本文要再進一步告訴各位讀者資料轉換及運用的「關鍵」，這才是之所以收集、清洗、篩選資料的重點所在。

「取回的cookie經過辨識與資料分析才能運用。」

由於Cookie的儲存模式為純文字形態（即txt檔），檔案不大且長度受限，可存取的資料有限，因此儲存的使用者個資並非包山包海，通常只儲存基本、非機密性的個人資料，所以廣告聯播網可主動獲取的Cookie資料並無法辨識網路使用者的身分，甚至可能連該使用者究竟是男性或女性都不清楚。

除非網站主願意主動分享自己站上的使用者登入資料給廣告聯播網，聯播網的系統再將該使用者的上站資料與登入後的狀態資料交集、比對，才有可能得到比較準確的資訊。例如，使用者的身分等，否則取回的Cookie資料充其量只是「可能性」的資訊，譬如猜測使用者是誰。

既然用「猜」的，那麼就要有一套猜測的好方法，亦即資料的辨識方式，這才是所有資料分析中最困難、最麻煩的地方。

平台文章發布表

「透過資料辨識描繪使用者的輪廓。」

網路使用者只要瀏覽過某個網頁，就會在Cookie上留下其曾經瀏覽過的URL（網址）記錄，廣告聯播平台只要透過資料爬蟲或是快照來爬取資料，將URL上的內容儲存下來，傳送回去自己的資料庫進行內容標籤化的工作。

資料爬蟲（Crawler）簡單來說，就是由技術人員設計了一隻專門到各個不同網站抓取資料的程式。這支程式會依照指示，自動到各個目標網站，將資料存取回來。

快照（Snapshot）類似資料爬蟲，但不同之處是資料爬蟲會盡量將目標網站的資料收集回來，並且建立索引將資料結構化，而且每次出去收集資料的時間較長，下次要再去同個網站抓取資料會再經過一段時間，但不會將之結構化。

至於內容標籤化則是為了要令抓回來的資料可以快速被找到，因此會針對各類不同的內容，分析出文章內的關鍵字，將關鍵字作為一個又一個的標籤。這些標籤，主要作為索引之用，然後再結合網站訪客的Cookie或是Section，將標籤反貼回到訪客身上，進而訪客從本來只是瀏覽歷程的，會轉而成為對某些內容、某些資訊感興趣的受眾。

這階段的工作可透過人工或機器來處理。當廣告聯播網面對的網站不夠多以及頁面內容數量較少時，透過人工直接對每個URL的內容進行分類，並留下標記反而比較容易；但是，只要網站的數量變多，各網站的內容頁面數量大增，人工處理就變得非常吃緊，這時候透過機器來處理會比較適當，可是若要利用機器去分辨，又必須涉及專業的自然語意（注7）分析領域，這又是另一個層次的技術了。

---

7 通常我們人類講出來的話，都可稱為自然語意，也就是說一句話裡面，會有很多不同形式的字詞組成。在電腦的世界之中，要解讀一句話想表達的意思，可能分析出幾個關鍵字就夠了。這些關鍵字可能是形容詞、名詞，將這些詞彙整理出來，並適時的在一段語意之中做斷詞、斷句的動作，藉由演算法技術來切分出該句話的意思，分出相關的關鍵字詞組，稱為自然語意分析。

網站使用者快照或資料爬蟲流程

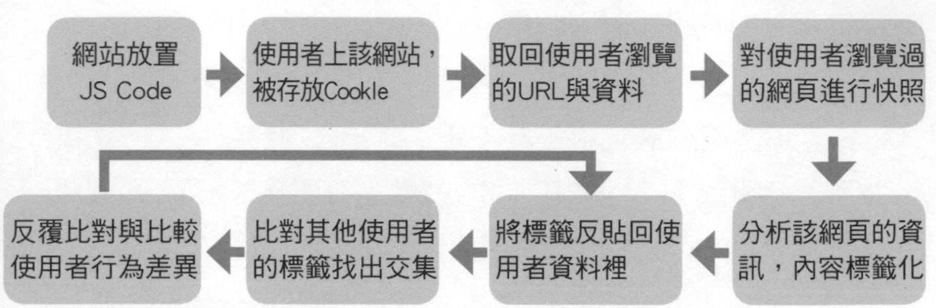

我們稱以上這類資料辨識的工作為「內容比對」，即透過將內容比對產出的標籤，標記（tagging）使用者及其網路瀏覽資料。這邊指的使用者是指來瀏覽網站的人，實際上並不知道他（她）是誰，而是透過每個存取的Cookie賦予一個ID，每個ID也都會在資料庫端存取一份，然後為ID貼上各類標記。

貼標記的作用在於定義使用者的輪廓，在定義之前，工程師會先針對網站的使用者進行Demography（人口統計學）定義分析，Demography可能涵括了性別、年齡、消費水準、居住地、學歷等訊息，但資料的準確性通常不高。要提高準確性，還是得用Cookie記錄來做標籤化分析。

內容比對標籤與標記

近幾個月來，**義美厚奶茶**不僅在網路上熱燒，商品也在COSTCO造成搶個熱潮。而這項產品爆紅，**社交媒體**上出現各式各樣的聲音，不約而同直指**厚奶茶**爆紅事件，是策略過後的**社群**事件。之於新商品上架，現在主流進入市場作法，並且先試探市場上口碑，通常大部分會從**社群行銷**下手，從**口碑行銷**與操作開始做起，藉以收集市場上的不同聲音，比較與其他產品的同質性、差異性、特殊性等，用以區隔出產品明確訴求差異，作為日後在市場溝通的賣點。**厚奶茶**就是找到了一個特點：市面上，大部分**奶茶**其實不含**鮮乳**或高比例的**乳製品**，而義美則強調自家產品，有較多**乳製品**成分。

Key Words Group 1
義美、厚奶茶、義美厚奶茶、奶茶、鮮乳、乳製品

Key Words Group 2
社群、口碑、行銷、社群行銷、口碑行銷

例如分析mobile01的網站，其網站屬性以3C商品居多，在這裡面閱讀的人們，通常都對3C商品產生高度興趣，而該網站內的不同討論版面，各有不一樣的主題與分類。有些分類可能跟地區有關、有些可能跟性別有關、有些可能跟年齡有關、有些甚至跟奢侈性商品有關，每種不同的關聯，都能先進行各別的定義。當訪客上門，留下的Cookie裡有其瀏覽資料，則會將該定義出來的標籤，反貼回到訪客的受眾個人資料之中。

舉例來說，根據某位使用者的Cookie記錄，發現他瀏覽

過刮鬍刀、刮鬍泡泡、柔膚水、古龍水等商品的網頁，所以當Cookie被傳回廣告聯播網後，「刮鬍刀」、「刮鬍泡泡」、「柔膚水」、「古龍水」等關鍵字就會被標記到該使用者上，並且資料分析人員會將該名使用者概分為「男性」身分，實際上Cookie的記錄並未明確指出該使用者究竟是男是女，完全是憑關鍵字來做判斷。

這是一種假設性的判斷，雖然不能說很精確，但卻可提供一份「可能性」的資料，或許無法十分確定使用者是否一如假設，可是在茫然模糊的資料大海裡，與其連該從何著手都不知道，不如先利用使用者接觸過的內容來定義使用者的大致輪廓。

至少經過標籤化的技術，將訪客轉為使用者輪廓（受眾）之後，成為可以適度篩選出廣告主期望的廣告受眾，再將廣告投放出去，以免亂槍打鳥，群鳥亂飛，一隻都打不到。後續再透過每一次於受眾面前廣告曝光被點擊的情況，逐次修正使用者的輪廓。數位廣告的技術人員就這樣一次又一次從中（使用者點擊廣告的Cookie記錄）挖掘更精確的資料，精進使用者的Demography定義。令廣告主想要受眾可以變得越加精確，令廣告效益能夠顯著出現。

【內容比對深入分析使用者興趣】

除了使用者的身分資料，內容比對還可比對出使用者的興趣，一樣是透過標記的方式，將各網站上的內容分析，包括使用者感興趣的事物及接觸這些內容的頻率，置入interest類別（興趣類別）裡，並且可以在interest類別下再細分精準興趣、相似興趣、模糊興趣等。我想大家應該都上過電子商務平台，只要瀏覽過幾項商品後，平台就會自動篩選出類似商品，這就是內容比對的作用。

interest類別底下的細項分類其實都差不多，差別在於精準性。只要使用者有在網站上進行過某些行動或具體的交易行為，就會被記錄下來並將資料傳送至資料庫做行為分析，將分析結果交叉寫入「精準興趣」資料中；至於「相似興趣」則是將該使用者與其他使用者比對，透過其他使用者的興趣資料來判定該使用者可能也有類似的興趣；「模糊興趣」則是分析比對已歸入資料庫的基礎資料，來推測具有同樣Demography的使用者，可能擁有相似但頻率不高的興趣。

「反覆標記，精確定義使用者。」

經過內容比對等處理，Cookie資料會越來越具有意義，因為其比對出來的內容持續增長，以使用者為中心的Demography、interest、behavior（行為）資料內容會不斷地增長並越來越豐富，廣告主可以對準的受眾，其輪廓也會變得完整不少。

不過，請注意，以上談的都是如何豐富資料量，並不代表資料會變得更精準。嚴格來講，**要讓使用者資料變得更準確，就得測試各種受眾的反應，觀察並記錄廣告與受眾之間的關係**。例如，看到廣告有無採取行動點擊，要看幾次之後才會點擊，點擊是針對同類性的廣告點擊意願較高，還是什麼樣的廣告都會點，藉由反覆標記來提高其精準性。標記的目的有二，一是將使用者定義的更精確，另一則是透過機器學習（Machine Learning）機制從網站中間接辨別使用者。

在技術還不成熟的時代，任何網路行為與資料都得透過人工辨識方式來輔助或標記，一直到技術獲得突破，電腦自動運算的結果達到一定準確度，如機器與人工運算的結果相似度達70%以上，越來越多的資料開始透由機器自動判斷處理，透由人與機器間的協作，資料的可用性也越來越佳。

因為每個網路使用者在每個網站上的行為都不大一樣，如瀏覽新聞網站可能是從Facebook或搜尋連結過去，瀏覽購物網站則可能是從廣告連結過去。不同類型的網站牽動的使用者行為都不同，因此得先定義網站的行為脈絡，也就是確認一個網站的瀏覽行為需不需要登入、有無購買、會不會結帳、是否需要其他必要行動才可以進入下一個單元，透過反覆標記，釐清這些網路上的行為，有助於加強資料的正確性，讓網路使用者的輪廓益發明顯，投遞的廣告也會更符合其需求與興趣，廣告效益自然增加。

【優化DMP才能真正幫助廣告主找到受眾】

廣告聯播網的DMP設計核心在於如何將廣告轉換為營運資金，將廣告轉換資金，說的容易做起來困難。DMP除必須面對網路使用者外，還要滿足代表著廣告主的廣告操作人員，加上網站、行動裝置APP、其他數位裝置等不同平台能獲取的資料都不同。

而且現代的使用者，往往不是僅有一台上網電腦，很可能公司裡一台、家裡一台，手上還用著行動裝置，然後同一個人在不同裝置上有截然不同的使用行為，導致系統端在分析與解讀時，判斷為完全獨立的不同個體。操作人員投放的廣告，使用者是否會點擊，與廣告操作人員依據何種資料來投放相關廣告，這些資料都可作為學習參考依據，其各種不同類型的資料均會進入DMP之中，作為日後運算分析。

引導網路使用者按照廣告主的期待，接觸到廣告之後就採取下一步動作，是所有廣告聯播網面臨的最大挑戰。事實上，網路使用者的行為隨時都在變化，實在難以歸納出固定的脈絡。因此，當數位廣告技術發展到現在，為了要能提高廣告的點擊效益，開始出現程序化自動購買廣告服務。其技術令廣告能自動的執行，自動產生各類廣告素材，迅速產生無數組的廣告組合，經無數次透過電腦嘗試找出受眾願意點擊的脈絡，成為現在發展數位廣告技術的頂尖應用。

因此廣告投放要做到一定的準確性，除非擁有極大量的數據與非常高端的電腦運算、分析能力，否則是做不來的。面對這樣複雜的資料來源，DMP如何正確分析資料，提供精準的數據，找出正確的消費族群，提高廣告的效益遂為重要課題。

曾有朋友問我：「DMP是不是很容易（開發）啊？為何從2014到2015年的兩年間，如雨後春筍般地冒出來！」或許這麼說比較恰當，講了好幾年的大數據，真正落實到應用層面並較為人熟悉的就屬數位廣告聯播。

同樣的資料運算及分析技術也可應用到網路口碑分析與輿情預測，其他如醫療、農業、金融等運用大數據的領域，一般人較不容易接觸得到，當然不清楚發展狀況。反觀數位廣告，因為Google、Facebook等平台出現，AD Exchange也越來越普遍，才讓DMP等存在已久的應用伴隨著大數據一起浮上檯面，成為目前的廣告行銷顯學。

Part 5 經營社群與廣告齊頭並進

5.1 實體店面如何順利跨入線上銷售？

【邁入線上銷售前的準備】

一位朋友開了一家飾品店，想跨足到電子商務，來請教我如何進入該領域，因為是好朋友，所以彼此聊得很隨性，我也分就幾個重點與他分享個人經驗和觀點。

「選擇合適的電子商務平台。」

先來聊聊要跨足電子商務的人通常會期望什麼樣子的電子商務平台？當我拋出這個問題時，他似乎聽不大懂，所以我進一步跟他解釋要從事電子商務一定需要平台，電子商務的平台類型有三種，分別是：⑴自行開發的平台、⑵租用他人的平台、⑶混合使用的平台，請他從中挑一種比較符合期待的平台類型。

結果，他說：「我們自己有主機，金流、物流方面也都有廠商提供服務。」聽到這，大概就知道他會選擇「混合使用的平台」，接下來，我繼續問：「那你們的平台維運能力如何？」看他又是滿臉的問號，我便直接說：「我是問你們的『技術開發設計、功能維護整頓、系統管理監控、資訊安全保護及頻寬監測調整的能力』如何？」他頓了頓，似乎沒想到我會問這麼深入的問題。

看到他的反應，我繼續說：「**如果沒有自行維運平台的能力，比較適當的作法還是去租用專業平台或選擇加入知名的網路商城較好**，只不過相對得付出較多的費用。」要判斷自己適合哪一種平台，要先評估自己本身導流的能力是否具備。前面有提過，有人潮等於錢潮，網路世界裡的人潮就是流量。

沒有流量，不管開什麼店都不會有任何銷售的可能，因此沒有導流能力，或是沒預算投放廣告，初期建議還是先到流量較大的大型綜合電商平台會比較好，至少相對較多的消費者會到該站上去找商品。

電子商務平台的類型

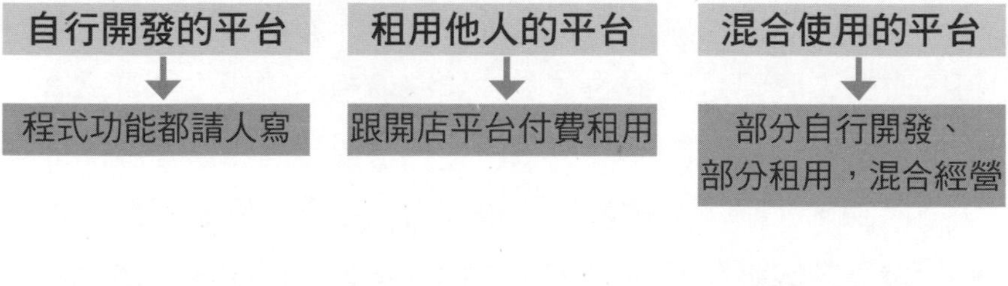

自行開發的平台	租用他人的平台	混合使用的平台
↓	↓	↓
程式功能都請人寫	跟開店平台付費租用	部分自行開發、部分租用，混合經營

「衡量線上客服的能力。」

「你有想過透過網路來的客戶諮詢或客訴問題可能會很多嗎？」從他的反應，我想應該從未想過這個問題。實務上，電子商務銷售雖然不需要與消費者面對面，但並不代表不會有客服或客訴問題，線上銷售或服務人員還是會經常接到客戶的提問，包括對商品、服務或售後的感受或分享，很多客戶甚至會非常熱情地回饋許多資訊給平台經營者。

和實體店的客戶服務一樣，線上客服的內容也包含了線上客訴、退換貨、商品介紹、活動說明、市場調查、金流服務、物流服務等，當然客服能做的事情不僅只於此，但是這幾項是要點，若每一項都要做到好，必得付出相當程度的心力與時間，因此建議在**進入電子商務前，先衡量一下，自己是不是有時間回覆、應對來自線上的聲音**。

要做好線上客訴，首先就是要懂得「內容區隔」，尤其每一次的客服都是行銷的契機，能在最短的時間之內辨識客戶的提問，本身在內部的客服內容，就要建立一套區隔的方法與機制。其次是訓練客服人員適當、正確的應對態度，並針對常見的客服問題建立處理的標準規範，例如遇到消費者情緒性的抱怨時，該如何應對、無聊人士蓄意找麻煩時，又該如何處理等。

「提供多樣化且富彈性的金流方式。」

電子商務平台能否提供便利的金流服務通常也是消費者考量是否消費的重點之一。對消費者來說，電子商務平台能否提供多樣化的付款方式很重要，付款彈性當然越大越好，如果使用平台的金流服務還能獲得銀行的消費回饋自然是最理想的。

金流服務的選項除了由電商平台業者直接提供外，也可與專門提供金流服務的平台業者合作，例如支付寶就是一種，或向銀行業者申請金流服務。不論是哪一種方式，都必須負擔手續費、服務費。此外，也要注意，若選擇自己串接金流的話，經營者本身必須略具程式能力，至少要有技術人員能夠協助串接金流系統，如果選擇直接使用平台現有的金流服務的話，則無須擔心技術問題，電子商店一開張，金流功能也會同時完備。

「精準掌控物流成本。」

許多消費者對網路購物的期待，除了要物美價廉外，也是看中物流的便利性，因此能提供的物流方式越多越好，尤其現代人忙碌，常常無法待在家裡等收貨，選擇「到店取貨付款」的消費者日漸增多，加上有些商品講求時效性，所以物流業者能否提供「24小時內到貨」也是消費者決定下單的考量依據。

另外，在此要特別提醒大家注意退貨問題可能造成的影響，有「正物流」（送到消費者端）就會有「逆物流」（商品退回倉庫端），兩者都會產生物流成本，許多經營者在計算成本及定價時，往往忽略退貨率太高可能會吃掉一定程度的利潤，因此務必審慎評估、適當控制每樣商品的出貨率與退貨率。

平台維運須具備五種能力

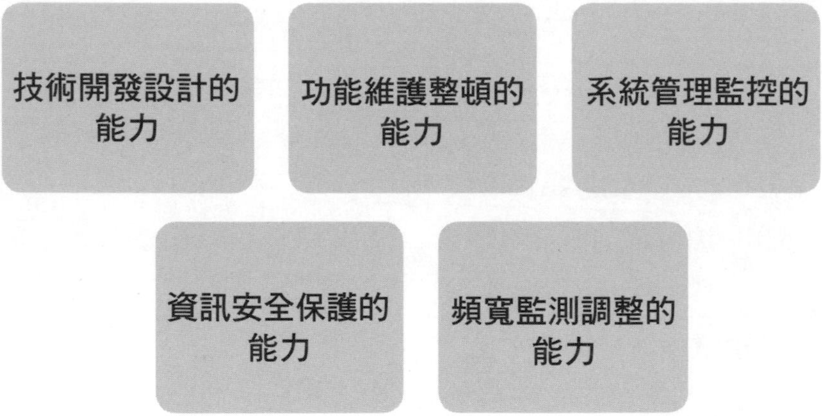

技術開發設計的能力

功能維護整頓的能力

系統管理監控的能力

資訊安全保護的能力

頻寬監測調整的能力

【流暢的作業流程是經營重點】

實體店面是從消費者踏進門之後才開始提供服務，所有的服務都看得到，也感受得到，店家有一定的服務模式，消費者通常也不會出現嚴重的脫序行為，一切都看得到，無論是掌控或應對都比較容易。

但電子商務從線上銷售到倉儲管理、財務報表等，全部的資訊都會串連在一起（這樣的作業過程稱為「資訊流」），經常是動一髮而牽全身，許多細節都隱藏在後台，操作上稍有差錯，就得花費更大的精力去處理問題。有時，光是產品的包裝怎麼選擇，消費者收到商品時，看到包裝的質感不佳，也會間接影響消費者對該品牌的印象。但很多新手電商業者，忽略這類小細節，在眾多競爭者之中，相當容易被淘汰掉。

舉例來說，消費者從線上下單購物後，發現不滿意，也還符合七天內可退貨的條件，於是就選擇退貨。看起來，按幾個鈕就結束的簡單動作，背後可是有一連串的事情得做，包括：線上平台的商品數量要調整、已開出去的發票要退回系統作廢、要通知物流單位去收貨，就連貨收回來了，還得驗貨、整貨、確認、放回貨架上，以及倉庫要回補商品可銷售數量。最糟糕的情況是退回來的商品，其包裝被消費者拆的很破爛，商品要再上架得再準備一組新的包材，這些隱性成本累積下來可是會把業者壓垮。

事實上，很多從實體店面轉進電子商務平台的業者，一開始耗費最多的成本就在這裡，雖然其中有些環節可透由系統自動完成，但有些還是得耗費人力去處理，因此妥善安排流暢的作業流程是一件很重要的事情，可有效減少無效的人力浪費與成本支出。

商品退貨處理流程

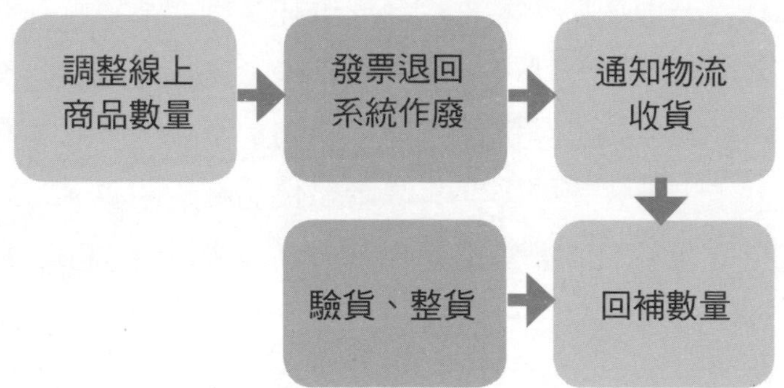

【行銷操作】

開實體店面，地點很重要，有人潮才會有錢潮，把店開在沒有人來往的地方，當然就難有客人自動上門來，一定得花比較多的心力才能拉攏客人來消費。同理，沒有流量的平台形同荒郊野外，對電子商務經營不利。

「流量形同命脈。」

「流量」等於是電子商務平台的命脈，一個沒有人來逛的平台，縱使商品再好，也很難擴大銷售數量，即便客單價高，卻可能沒辦法支付平台的營運規費。因此懂得如何導流量，吸引更多消費者注意，是很重要的經營重點。

但只要有流量就一切太平了嗎？事情沒這麼簡單，網站內的動線、使用性、閱讀性、便利性、直覺性等也樣樣都要考慮周到。一個難用的購物網站怎麼可能讓消費者產生購物衝動，遑論會在最短時間內完成消費行為。**經營電子商務平台，真正困難的不是上架商品，而是懂得在商品上架後，如何讓消費者看到商品**！

關於電子商務平台的經營，有十項與銷售直接相關的基本指標，要能理解指標並且知道如何做，是一件很耗費心力的事，但只要能理解並確實執行，就可能漸次達到期望的目標。

電子商務平台的經營指標

1	流量
2	不重複使用者
3	加購物車率／加入追蹤率
4	商品點擊率／停留時間比
5	品類關注比／活動關注比
6	轉換率
7	退單率
8	新／舊客戶比
9	舊客戶回購率
10	新客戶購買率

「依照消費者取向調整商品組成。」

有人說：「消費者不用多，但要準。」就精準行銷的觀念來看，確實沒錯，但在訂單都還沒出現之前，說要多準其實都是沒意義的，畢竟經營需要時間和金錢成本，至少要先將足夠數量的客人拉進來，才有機會談後續。

先想辦法吸引大量的消費者後，再透過各種方法篩選出不同類型、不同特質的消費者，對應客群的輪廓調整商品組成，讓消費者從喜愛商品轉向對品牌產生認同，這個過程得一點一點地累積。

「品質不只是紙上談兵而已。」

網路上，只要稍有不慎，消費者就可能對你由愛生恨，消費者變更消費意向與意願不過是幾分鐘的事情，但要吸引一個顧客上門，也許需要數十倍的時間與精力，簡單說，不管是商品、流量或其他都尚可討論，但「品質」要是不好，就什麼都不用談了。這裡所說的品質包括服務、產品、包裝、回饋、溝通、行銷等，平台的經營者一定要先設定清楚，知道上線後要花多少時間去改善、改良品質，讓消費者對品質體驗「有感」。

最後，建議完全沒有電子商務經驗的朋友，不妨先從「C2C拍賣」（即Consumer to consumer，是一種個人對個人的交易方式），像是這陣子很多人使用的蝦皮拍賣，匯聚了龐大的人潮，又提供免運費的促銷方案，對於新手開店來講，會是一個很不錯的選擇。新手開店，要先學習並熟悉線上交易的作業方式，熟悉如何操作後，再轉向購物商城，等作業流程順暢、行銷資源足夠、客戶服務上手後再來思考是否獨立經營自己的平台品牌會比較穩定，要不然，要流量沒流量、要服務沒服務、要品質沒品質、要資源沒資源，最後是一場空。

5.2 FB廣告怎麼下？從認識受眾開始 

【掌握影響廣告成效的變因】

在Facebook上混久了，看著來來去去的廣告，感覺好像自己也可以在Facebook上做做生意……，相信很多人都是這樣踏上電子商務的不歸路。Facebook是台灣目前使用度最高的社群網站，其網站特性讓人們能夠輕易與不同的人群互動，同時還可接觸來自四面八方的消費者，更何況在Facebook上創立粉絲團或社團都不需要任何費用，對於想要嘗試線上銷售或是商品行銷，實屬容易入門的平台。

隨著越來越多的企業廣泛使用Facebook粉絲專頁，狂發「葉佩雯」（即業配文）、銷售商品，加上Facebook官方調整粉絲專頁貼文的演算法，大幅調降與社群無關的貼文觸及數，導致貼文曝光越來越不理想，被看到的機率也越來越低，因此要想透過Facebook提高貼文被看到的比例，只有透過Facebook投放廣告，增加曝光的機會。當然，這也是Facebook服務企業的主要目的，要能從企業端賺到收入，才有辦法繼續提供如此龐大又複雜的社交功能。

廣告受眾是數位廣告系統的核心，在Facebook的廣告機制裡，廣告受眾來自於所有使用Facebook的用戶，當這些用戶填入各種資料、發布各式貼文時，都成了廣告可以瞄準對焦的對象。再加上，Facebook獲利的主要來源是廣告，因此耗費許多心思投入研發廣告系統，其廣告分眾不僅能辨別出興趣、嗜好、行為，還能對其曾經在實體世界發生過的行為投放廣告，例如，正在哪裡旅行、曾經去哪裡打卡過、最近到訪過哪些區域等，這種實體世界的行為，全成為Facebook廣告可以投放的條件。

懂得操作Facebook廣告 ，並選出適當的受眾，同時靈活運用於實際行銷之中，才是至關重要的部分。不論原先設定的廣告目標是什麼，在廣告投放接觸到受眾的過程中，縱使廣告點擊數很高，但到達頁面的內容是否表達清楚、完整、好不好讀，整體配置有無符合受眾的期待，都會直接影響廣告轉換的直接成效。而這些知識與經驗，已成為現代從事數位行銷，要能為行銷帶來成效甚至變現的重要觀念。

「優化過的受眾組合。」

操作Facebook廣告，影響其廣告成效好壞的最大因素在於廣告受眾、廣告素材與到達頁之間的關係。首先，要了解Facebook廣告系統能操作的幾個要素，像是預算、出價金額高低、出價模式、受眾的選擇、廣告執行的走期、收集回來的資料其定義行為的準確性等，都是操作時要注意的要點。雖說看起來有很多在實際操作時要注意的項目，但實際投放廣告時，真正要先建立的還是廣告操作邏輯，有了正確的邏輯，廣告才能順利的找到優化關鍵。

例如，不斷提到的受眾很重要，但是受眾怎麼選擇就是門訣竅。通常，許多廣告操作人員，會以年齡來做受眾的區隔，區分出不同年齡層對廣告可能接觸時的感受會不同。此時，選擇受眾要先好好的想過，在不同年齡層的受眾實際生活面貌差異很大，廣告操作者能否從自身生活體驗辨識出受眾的真實差異？進而說出一套合情合理的受眾選擇邏輯，廣告投放給受眾時才會合理。所以，在設定受眾時，最好預想清楚受眾的真實生活情境，不要被過多的廣告功能給迷惑，還是得回到行銷的原點與意圖，是否真了解到行銷要接觸的這群人為真。

另外，在設定選擇受眾時，也要考慮他們可能會被哪些外部資訊影響，最好可以從他們的生活圈與生活習慣去發想，試想這群受眾選出來之後，是不是符合跟商品銷售情境之間的關係。受眾是真實的人，並不是虛擬勾勒出來的假象，他們都是真正在用Facebook，每天分享各類心情與想法的人。對於生活有想像，對於現況有不滿，對於自己可能有很多想說卻不知道怎麼說的話。了解這群人，等同了解Facebook廣告的投放核心。

Facebook廣告提供多元的受眾條件設定，從性別、年齡、職業、地區、興趣、感情狀態等都可以設定。透過不同的條件參數，可設定出一組又一組的多元受眾。舉個例子來說，以年齡作為設定條件，當廣告受眾設定15到30歲時，雖然範圍很廣，但是這群受眾是不是能夠進行有效的溝通，實則是一大問題。在此建議，**廣告受眾不論要廣還是窄，先從細分開始下手，會比較容易掌握廣告執行時的效果，而不會因為過度廣泛，造成預算無謂的浪費**。

「準確分眾並分析才能真正遇見顧客。」

以下頁圖為例，18歲至20歲的女生，才剛從國中畢業，對於未來還有很多的想法，而且剛進入大學，手上沒有太多的錢，過往都是靠打工賺零用錢，不擔心接下來的生活，能夠盡情的享受自己的人生。這群人，買商品可能無法負擔較貴的，可是對於喜愛的商品想要買，可能會義無反顧的買下手。20歲至22歲的女生，即將畢業，對於未來出社會找工作有點茫然，而且想到即將要負擔家計，可能手頭能用的會比較沒那多，買東西相對會比較保守。22歲至25歲的女生，已經工作一陣子了，這才發現薪水很低，未來根本看不到發展的遠景，每天要顧好自己已有難度，想要買些好東西犒賞自己，似乎變得遙不可及。25歲至27歲的女生，在職場上已經

累積了一些經驗，運氣不錯又認真的話，可能已爬到小主管的位置，有較好的獨立自主空間，可自由支配的所得增加，想買些對自己好的商品可能就不會手軟。

受眾的生活輪廓，以18~25歲的女性為例

18 至 20 歲	高中畢業剛進入大學，對於未來還有憧憬，對財務沒有太多概念，才熟悉打工收入沒多久。
20 至 22 歲	大學念了一陣子，認識夠多學校朋友，面臨畢業即失業的問題，開始擔心財務上收支問題。
22 至 25 歲	好不容易找到工作，還不確定未來方向，工作收入不高，能支配的所得太少，想買的東西卻很多。
25 至 27 歲	工作已四、五年，認真點已升至小主管，收入可能高一些，能買的東西變多，開始犒賞自己。

上面描述受眾的生活輪廓，正是選擇受眾時，要能夠理解的重心。**當我們看著Facebook廣告機制時，對於廣告操作人員可能只時純粹的條件與功能，但真正活在世界之中的人們，卻會因為自己的實際狀況，影響了相對購買慾望**，所以要選擇出適當的受眾，還是要能先說出一套可以說服人們的受眾情境故事，再來看看商品的價格是否符合該受眾能支

付的水平，廣告投放出去才比較有機會被對的受眾點擊。

「適情適性的廣告素材。」

如前所述，影響廣告成效的變因還有廣告受眾與廣告素材間的關係。即使，同樣的商品，其呈現訴求與樣貌不同，在不同年齡或性別的受眾看待下，可能就會有完全不同結果。

例如，年紀輕的女性，其收入不高能買的商品單價就不可能太高，因此在廣告素材上多增添特價、優惠，讓該群受眾感到超值、超額的價值感，進而要採取行動點擊廣告，機率會較高。但是，如果對應到年紀稍漲已有社會經驗的女性，可能會對於商品傳遞出來的感受，還有能帶給她的價值更為重視。光是這兩者對同樣的商品，廣告訴求就要能有所區隔，進而反應到製作廣告素材上。

再進一步比較廣告組合，針對不同年齡區隔的受眾，分別舉出相同的廣告素材組合來做比較，亦即以同樣的材料去發掘出不同年齡區隔的異同，然後再針對預定的受眾提供合適的素材，以引起較多注意。

受眾與廣告素材的交叉組合測試

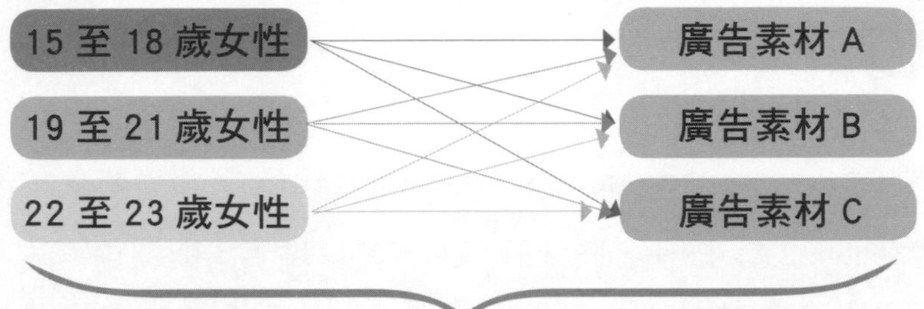

做交叉組合測試，主要是為了要看哪群受眾對應哪種素材較會「**採取行動**」，會相對影響「**點擊數**」，進而影響到「轉換數」。

廣告組合，更進一步可以做比較：

廣告組合：20 歲 -30 歲 女性

- 廣告 1(圖片A+文案A)
- 廣告 2(圖片B+文案B)
- 廣告 3(圖片A+文案B)

廣告組合：30 歲 -40 歲 女性

- 廣告 1(圖片A+文案A)
- 廣告 2(圖片B+文案B)
- 廣告 3(圖片A+文案B)

兩者間比較，做出溝通訴求間差異。

「易操作的到達頁面。」

至於到達頁也是要視不同的受眾對象，提供合適操作的頁面，例如年紀較大的高齡受眾，到達頁就不適合設計的太複雜，越簡單操作會越受好評。究竟，到達頁放配置哪些內容才能夠令使用者願意採取積極行動呢？我建議，必定要能滿足受眾的需求，以用戶為導向設計出：**(1)清楚易懂的文字內容、(2)印象強烈的視覺圖像、(3)簡單好用的操作引導、(4)直覺單純的使用介面、(5)明確利益關係的訴求**等五個條件，會令到達頁與用戶之間的關係變得更加貼近。

【廣告投放前的成效評估】

投放廣告之前，首先要預估出廣告轉換的理想值。舉例來說，若CPA要設定在50元以內，該如何計算？

理想的假設點擊率與轉換率都是10%，廣告以CPC計價，每次點擊費用是3元，如果廣告觸擊人數有5,000次，那麼廣告點擊次數就是500次，廣告點擊帶來的轉換人數為50人。

廣告成本則為500次點擊乘以3元，也就是1,500元，轉換成效便是1,500除以50人，最後等於30元。換句話說，

CPA為30元，每次投放廣告的成本，不超過50元（算式詳見如下圖）。不過，這樣的計算結果似乎有些太過理想化了！尤其點擊率跟轉換率同時都是10%，這在操作廣告時可是非常少見。

假設點擊率與轉換率為10%的轉換成效

廣告觸及人數（次）×點擊率＝廣告點擊次數（次）

5,000×10%＝500

廣告點擊次數（次）×轉換率＝廣告轉換人數（人）

500X10%＝50

廣告點擊次數（次）×廣告的平均價格（元）＝廣告成本（元）

500×3＝1500

廣告成本（元）÷廣告轉換人數（人）＝轉換成效（元）

1,500÷50＝30

如果將點擊率與轉換設定為5%的狀況時，會發生什麼結果？同樣是5,000次廣告觸擊人數，因為點擊率只有5%，所以廣告點擊次數只會有250次；轉換率也5%，所以廣告轉換人數只有12人，廣告同樣以CPC計價，每次點擊費用也是3元，換算成廣告成本就是750元，轉換成效是62元，即CPA

是62元，每次投放廣告的成本已超過50元（算式詳見如下圖），並未達到標準。

假設點擊率與轉換率為5%的轉換成效

廣告觸及人數（次）×點擊率＝廣告點擊次數（次）

5000X5%=250

廣告點擊次數（次）×轉換率＝廣告轉換人數（人）

250×5%＝12（0.5人不計）

廣告點擊次數（次）×廣告的平均價格（元）＝廣告成本（元）

250X3=750

廣告成本（元）÷廣告轉換人數（人）＝轉換成效（元）

750÷12＝62(0.5元不計)

透過以上簡單計算，可以了解，如果點擊率和轉換率不如理想中的10%，而是5%的話，所預估出來的成效必然會差距很大。因此，廣告投放前的成效推估非常重要，任何數字的調整、設計都會影響廣告成效表現。

【廣告成效需要不斷地優化】

廣告設定之後的效果，通常需要一段時間醞釀，才會引起受眾關注。常有人誤會只要廣告點擊發酵後，其點擊成效就會出現爆發性上揚，之後不需再做任何的調整與設定，也能維持穩定、不下跌的曲線。基本上，這樣的想法是錯的，因為廣告素材的溝通會造成疲乏，**單一受眾接觸同一個廣告素材過多次時，甚至已經點過，廣告再出現，只會造成預算的浪費，點擊數量並不會持續增長。**

理想中的廣告成效表現

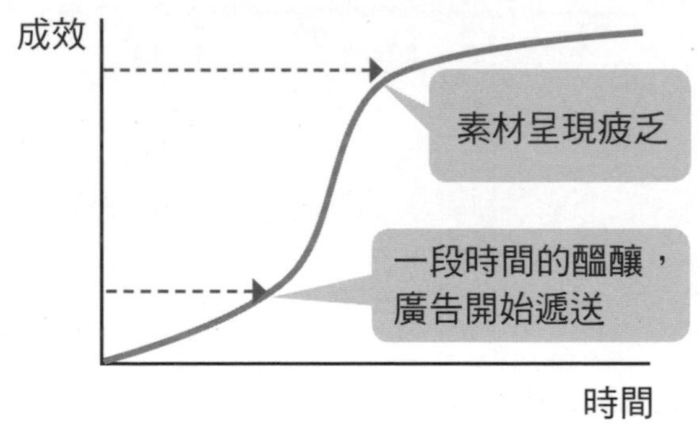

實際上，廣告的成效並不會始終如一的好，隨著曝光增加，廣告受眾會漸漸失去興趣，甚至不再點擊觀看。另外，

投放廣告也不是只有一個人，而是無數個廣告主同時透過該廣告機制，找尋想要的受眾，進行各種出價之動作。此時，Facebook廣告的成效曲線發展會先停滯，然後大幅度的下跌如下圖所示。

實際上的廣告成效表現

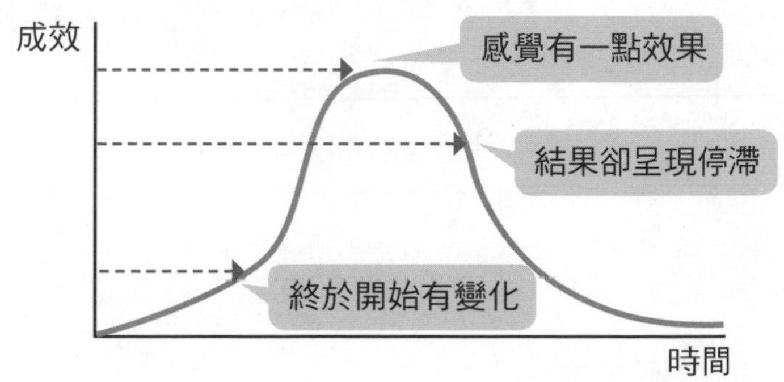

為了維持廣告成效不墜，必須對廣告加以優化，也就是不斷地去調整成效曲度，適時地拉抬曲線。如下頁圖，黑線是成效期望值，廣告優化所要做的就是讓實際的曲線能貼近期望曲線前進，所以第一次優化重點在於逼出預估效果，第二次的目的在於維持效果繼續上揚，第三次優化時已明顯可見成效接下來可能大幅滑落，所以要將最後效益一舉逼出並準備調整廣告策略。

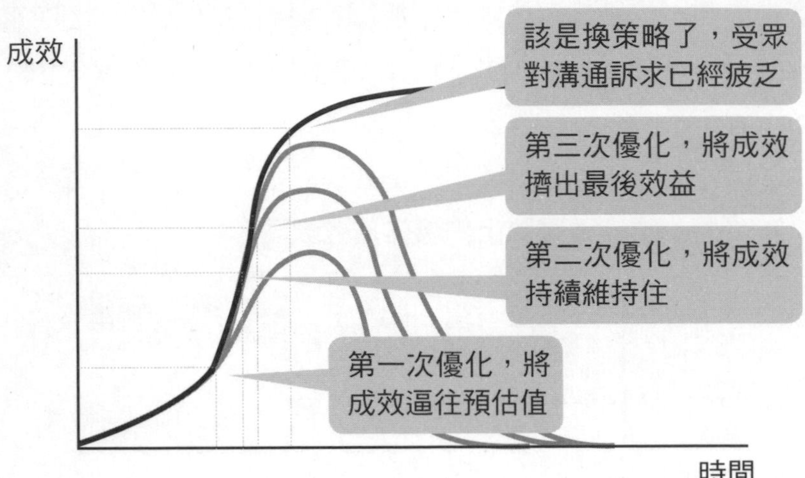

【檢視廣告成效】

檢視廣告成效主要觀察四個面向，即觸及（曝光）、點擊、出價及轉換。

1.觸及：影響觸及的因素包括在哪些版位投放廣告、目標受眾為何、廣告出價的高低，因為受眾選擇錯誤，或是廣告版位沒有選到適合的，再加上出價過低，可能就會造成廣告觸及無法提高，或稱廣告曝光數沒有顯著成長。

2.點擊：點擊的影響因素則是在什麼版位投放廣告、目標受眾及廣告素材，同樣的受眾還是一大影響要素，但是受眾在哪個版位看到廣告，該版位是否適合運用廣泛的廣告素材，還是要因應不同版位大小，將廣告素材做調整，這些都有其關聯。

3.出價：出價會影響的因素，包含了廣告曝光的數量、廣告被點擊的次數與受眾等，尤其出價最直接決定了廣告曝光數，如廣告受眾過小，或許出價金額不用太高，但是廣告受眾過為廣泛；出價金額太低時，廣告曝光數則不會增加。

4.轉換：影響轉換好壞的則是廣告素材、是否追蹤檢視碼、到達頁面的內容與設計、好不好操作。最忌諱廣告與到達頁的內容差異過大，造成跳出率過高，要避免這種情形，廣告訴求與對應的到達頁，其內容最好一致。

隨時掌握這四個面向的變化，適時檢視廣告曝光數、點擊數成為轉換目標成效時，是否有無符合預定目標，注意出價狀況有無超出預定，另外，如果一直沒有點擊產生，也要趕緊調整廣告素材，甚至是受眾、媒體。

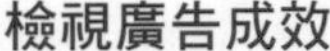

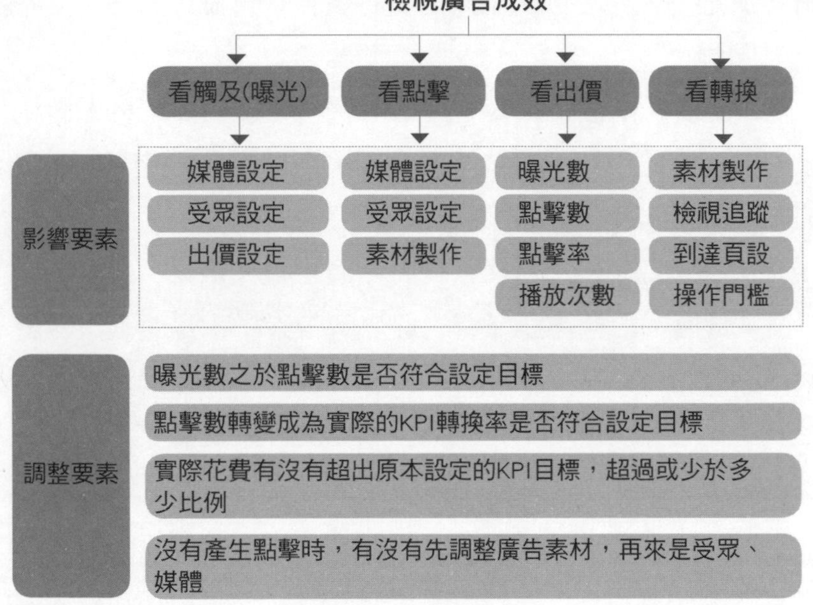

「調整曝光數讓廣告達到最理想效果。」

廣告曝光數是直接影響廣告成效及花費的原因之一。曝光不足，效果不彰，曝光過度則直接影響花費，提高成本。如果曝光數與預估相差較多時，請視狀況反覆調整受眾、廣告預算及出價至預估值。想要做好廣告優化，首先要了解廣告不好的最差狀況是什麼。通常，最差狀況就是廣告素材做

調整廣告曝光數

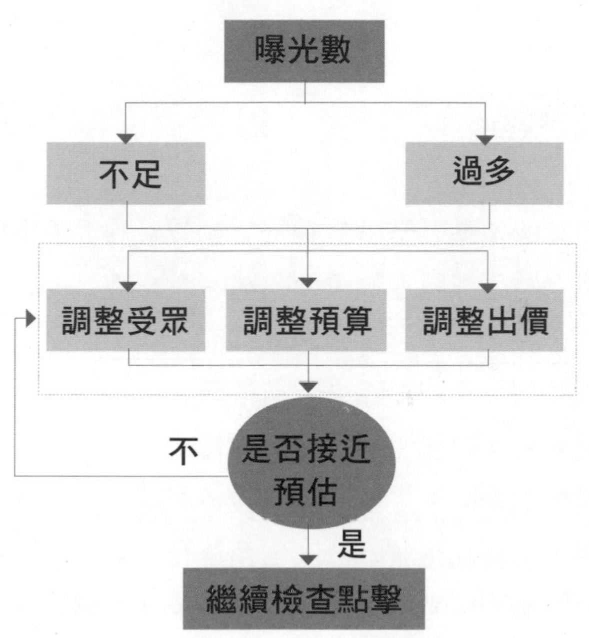

得不理想，受眾不願意點擊，造成廣告點擊數過低，無法導流至到達頁上。

相對的，知道最差狀況，那就從廣告素材先調整起。要調整廣告素材，可以先假定受眾選擇沒有問題，將預算與出價同時提高，看看廣告曝光數有沒有增加，如果有，那再來檢視點擊數是否有無呈現增加走勢。要是沒有的話，可能是素材不對或是受眾選錯，此時，先試著再改幾次素材，看看會不會改善點擊數，要是依舊沒有任何點擊出現，這代表受眾可能選錯了。回頭重新調整受眾，再用類似的素材來做測試。

「調整點擊數」

廣告有無被點擊是廣告刊登有無效果的重要指標，也是判別消費者是否感興趣的重要訊號。點擊數太低時，先確認是不是曝光數太低，大部分的人都沒看到，如果是，就提高廣告出價及預算，增加曝光；若這麼做後，仍未見起色，就要檢視曝光數，確認受眾、廣告素材或出價是否需調整。

若點擊數太高，先確認曝光數是否同樣高，成效有沒有超過預期，否則就應該降低廣告預算和出價，再沒效果，也是重複上段檢視曝光數的檢討動作至達到目標為止。

廣告投放所需耗費的行銷成本、心力都很高，整個投放過程需要不斷地調整、優化，反覆進行各種改善工作，不論原先設定的目標是什麼，沒有妥善經過推敲與設計的廣告，一定是花了大筆金錢後卻難以看到成效，廣告成效要好，事先做足功課以及做足嘗試是必然得花費的功夫。

調整點擊數的兩種方法之一：檢查曝光數

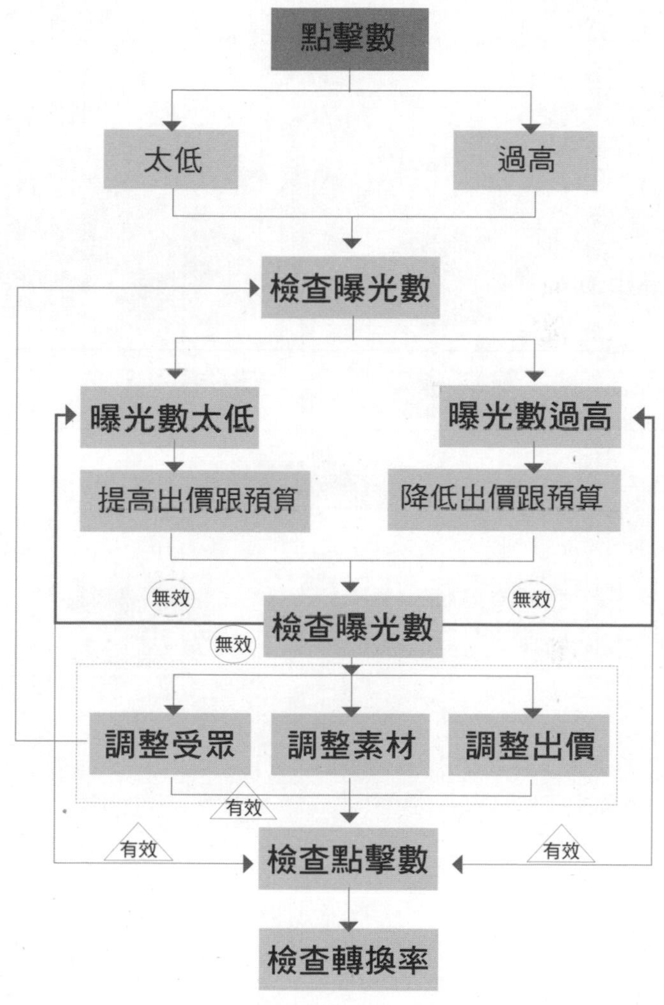

調整點擊數的兩種方法之一：檢查轉換率

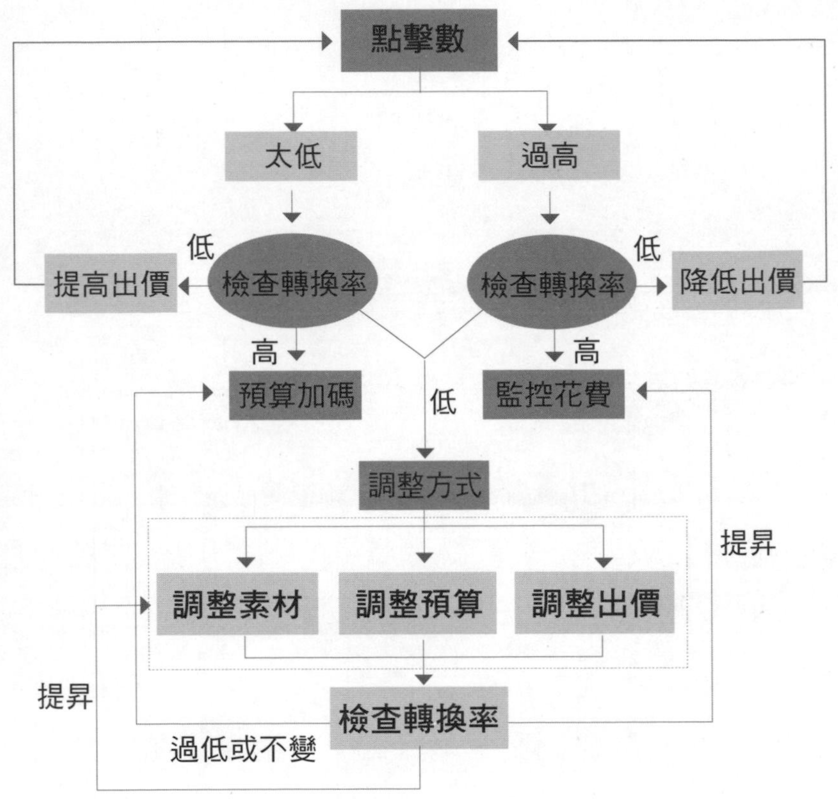

5.3 廣告格式與效果如何設計最佳？

【盤點商品架構，再規劃廣告架構】

從事線上零售生意，也就是說做電子商務，想要靠廣告導流已成為顯學。但導流要導的好，其實跟自家引進的商品有絕對的關係。因為整個導流的操作類型，在廣告投放時，大致上可以分成：⑴導流到單品頁、⑵導流到分類頁、⑶導流到活動頁、⑷導流到官方首頁，這四種。主要是因為導流目的不同，其受眾、出價、預算、素材都會有明顯的差異。先弄清楚導流類型之後，再來從零售業者的產品組合規劃適當的導流策略。

零售業者的商品，普遍來說可以簡單概要的分成流行商品、一般商品、特殊商品、冷門商品四類。

1. 流行商品：流行商品往往都是在店內賣最好的商品，商品可能很普通，或是當季流行品，甚至是由零售商特別打造出來的銷售爆品。以季節、潮流、氣溫、大眾相關，挑品挑得，好導流也會導得佳，是商品銷售之中，最看重商品採購人員挑品能力，挑的好導流就沒煩惱。

2. 一般商品：則為多數消費大眾會買的商品，舉女裝為例，像是打底衣、打底褲等，這類商品雖然普通，但大多數人因需要而買，雖無法貢獻大量銷售，卻能帶來穩定銷售。以生活、日用、平常、基本相關，用來導流的基本長青款，也是在所有商品銷售之中，占有主要支撐營收的角色。

3. 特殊商品：通常是較為特殊，能夠吸引消費者目光的商品，這類商品不一定好賣，卻可以吸引消費者的注意，有這類商品做導流，相對比較容易引起點擊。以設計、功能、特色、話題相關，通常在市場已具有話題性或設計性較強的商品，能吸引到消費者目光，導流效果通常不會太差。

4. 冷門商品：則針對特定族群、特定受眾所找的商品，相對不是太多人會買，可是其需要的族群非常鮮明，看到了就會想買。以族群、差異、小眾、長尾相關，可以吸引特

零售業者四類商品與流量、銷售量的關係

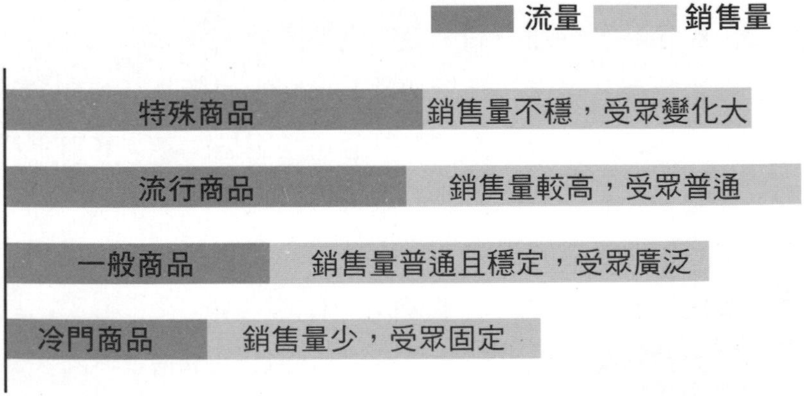

定、精準族群的目光，透過分眾溝通，導入一些流量進來，多少能持續獲得穩定營業收入，雖說收入不一定很多，可卻能一直吸引同個族群的人上門消費。

「先搞懂自家商品類別與屬性。」

零售業的營業額組成，不外乎是透過這四類組合出來。因此，在決定廣告要怎麼投之前，得先弄清楚自家的商品銷售結構。尤其不同類別的商品，各別能貢獻的營收不同，在選擇廣告溝通策略時，需要先弄清楚自己商品的屬性，這才能將商品屬性定義好，進而在廣告素材上下功夫。商品有了架構性的觀念，廣告投放也才能有架構性的設計出來。

舉例來說，特殊商品可能很吸睛，但是卻不一定會是客戶想買的商品。像是女鞋業者，漂亮又曲線美麗的的高跟鞋許多女生愛看，甚至看到美美的商品照，會被吸引點擊，可是真要買的時候，卻不一定會買，最後會購買依舊是平常生活能穿的平底鞋居多。此時，特殊商品的功能就是引導至到達頁，然後再將消費者想辦法透過頁面引導，轉到其他可能會購買的商品頁之中。

至於要導流，對於零售業者肯定要有打造爆品的思維。**打造爆品目的最主要還是希望做到廣告可以被大量點擊，引入大量用戶到線上商店來，進而再藉由其他商品在頁面上的**

適當配置，增加其他商品被看到，甚至被買下的機會。做爆品有個很重要的關鍵，那就是「犧牲一定程度毛利，作為引入用戶的行銷費用」。

「打造爆品操作製造品牌人氣。」

額外提個重點，爆品不是隨便選擇一個商品低價賣出就好，而是要找跟自家商品組合關聯性高，甚至可以為品牌帶來鑑別度的商品為主。如果，自家商品找不到能有爆量銷售的商品，去特別代理市場上的人氣商品，也是一種方法。

爆品操作的方式，主要的溝通訴求會聚焦⑴市場破盤價、⑵人氣熱賣商品，這兩項會是做爆品時，需要著眼的項目。注意，這類爆品操作，不能時常一直做，不然會引起消費者的反感。

尤其爆品在經過活動期間銷售之後，價格通常會回來，但如果零售業者沒注意，發現爆品帶來的人潮太踴躍，比起其他行銷方式要來得有效，而想持續在做的時候，這會造成高價購入商品的消費者不買，而尚未購入的消費者只會等待有便宜可撿的時候才上門。操作爆品不得不慎，銷售做好的同時，還是得跟消費者溝通好、說清楚，這才不會將自己苦心經營的品牌變成廉價品特賣會。

懂得商品分類架構，並且理解適當的運用爆品操略導流，則進入到執行廣告操作策略。商品既然有不同分類的架構，同樣廣告也會有各別不同的廣告架構觀念。

因為，不論行銷目標是導流還是轉換，通常廣告組合還是跟著商品走，商品則是廣告組合下的素材，而前面也提過，廣告組合的操作要項是出價、出價方式、預算與受眾。廣告架構能夠呼應商品架構，或是商品的銷售行為，這在日後管理廣告或是追蹤廣告成效時，會較為容易看出每個商品之間的各別差異變化。

先設計幾個不同的廣告群組，不同的群組針對不同的受眾，按照不同的廣告目的，來設定廣告群組及受眾目標，每一個廣告群組都與背後的目標受眾連結緊密。

廣告群組舉例

廣告組合

新品上架	促銷活動	議題跟風	商品類別
類別	折扣	議題	主類別
特色	組合	創作	熱賣
季節	出清	話題	人氣
氣溫	會員	口碑	特色

上圖即在投放廣告時，需要特別去設計的廣告架構，各別分為：「新品上架」、「促銷活動」、「議題跟風」、「商品類別」四項類別組合，其下各有不同的廣告組合。以「新品上架」來看，在廣告組合的設定方向，設定以新品類別、特色新品、季節新品、溫度驟變品等，不同廣告意圖的廣告組合。每一個組合都有不同目的性。其他三項架構也是依照不同的目的設定群組，群組設定的越多、越細，要細部去看管廣告預算相對會比較容易，其預算不易失控，欲掌握要做成效轉換調整時，則有了可以細分設定的方向。

【先分類再設定群組】

如上所述，每一個架構都可以找出不同的條件進行廣告群組的設定，而且條件找得越多，群組就能設定得愈細，那要如何找出這些條件來呢？

我們可以在做廣告活動時先按照轉換、商品、冷熱、活動、新舊、屬性等進行分類。再依照轉換率高低來區分；或依照不同的商品線來區分，例如女裝、男裝等；或是依照冷門商品與熱賣商品來區分；當然也可以依照活動的型態來區分，例如新品上市、單品衝刺等；或按照新品與舊品區分；或依照商品特色或賣點來區分。

廣告活動的分類項目

轉換	依照轉換率高低來區分
商品	依照不同商品線來區分
冷熱	依照冷門與熱賣來區分
活動	依照活動的型態來區分
新舊	依照新品與舊品來區分
屬性	依照特色或賣點來區分

「操作廣告，為何要分這麼多組合？」

一個組合將所有廣告放進去，每次有新的行銷活動，再把廣告組合設定出來就好，何必要設定多個廣告組合，這不會造成管理上的麻煩嗎？甚至花費許多時間，做一堆廣告組合的細分與規劃，只會增加廣告操作人員的負擔吧？

錢，用在刀口上，想要每一分錢都看得到回報，多花心思去規劃、設計，將行銷目標下的廣告組合，因應不同分眾或是廣告版位，做些區隔與差異化，會比較容易觀察出廣告實際執行時，各別所執行的效益是否理想，或是太差。廣告操作與優化，是處在一個動態、即時調整的工作氛圍裡。特別忌諱廣告上線後就置之不理，這會導致成效不佳的廣告，持續在上面消耗預算，但這廣告組合裡涵蓋的受眾與版位太多，根本不知道在哪邊有可以做調整、改善的空間。

因此，能夠適當將行銷目標下的廣告組合，因應廣告受眾的不同做出分類，甚至受眾可經過各種廣告投放過後，藉由Facebook廣告裡提供的類似受眾，找出相似受眾將廣告投放到這些人眼前，都會是廣告在執行操作時，要將期望的廣告成效做好，其中非常重要的工作。如果，因為覺得麻煩，感覺操作廣告要做如此多的規劃，感到相當不耐煩，我的建議是這樣：「想想看，當每一筆要花出去的錢，都是由自己的口袋要支出時，這些原本可以拿來吃喝玩樂，買下想買的東西時，拿來投放廣告，卻發現投放廣告之後的效益不好，這時心情會如何？心態又會是什麼樣的情況？」

集客變現的時代已經來臨，不管是各類數位行銷工具集客，還是透過數位廣告集客，其最終目的還是希望要做到每一分付出，都能獲得相應的回報。不論是回報到品牌身上，還是帶來實際的銷售訂單，這些都會替零售業者，帶進看得到的效益。為此多花心思去設計與規劃廣告架構，將廣告成效細細的掌握在手裡，會是比較理想與適當的作法。至少，當成效不彰賠錢時，也得知道錢為何會被花掉的理由，做為下一次改進的方向，會好過於什麼都不知道要來得好。

【創造廣告最佳化組合】

行銷人員要懂得如何看「廣告最佳化」的組合。廣告是由許多廣告組合，進而結合起來的成效生產線。了解不同的成效生產線能帶來的效益有什麼不一樣，才能知道該留下哪一些、加強哪一些、組合哪一些，甚至是要淘汰掉哪一些不適合的廣告組合。

同樣以「商品分類」為例，一廠商檢查自家的網路廣告，發現商品結構為新品占20%、常賣占20%（即常常賣出但並非熱銷款，如女性服裝中的衛生衣、打底衣、打底褲等）、冷門（例如流行破褲、設計款服飾）占10%、熱銷（當季流行的衣服）。其中，光新品、常賣、冷門三項就占了60%的高比例，那麼是否該以這三項去設定廣告組合就好？

在此，再次強調，**絕不可能只套用一個廣告群組，就要去推銷全部的商品，這會造成日後要去檢查、檢視廣告執行狀態時，會無法分辨出問題在哪邊**。一定要分別針對新品、常態、促銷（通常會使用於清庫存）等不同的商品屬性或特色去設定群組。

原因無他，區分的夠細膩，廣告成效展現出來後，自然看得出其轉換效益的來源與邏輯，像是帶來轉換率高低的關係，是不是跟到達頁內容與廣告呈現正相關，還是廣告素材能夠導入大量的點擊數等。即使是轉換較差的，如果廣告花費金額非常低，可卻依然有轉換，甚至放置一段時間後還是持續有轉換，不妨考慮將之作為長期投資，藉以觀察廣告效果的變化。

有些廣告點擊率很高，轉換率卻很差，雖然不能帶來訂單，卻能持續帶出點擊量，像這類廣告要不要留？當然要！因為可以幫忙導入流量。這點很重要，有點入的人潮，則有助於拉抬其他商品被銷售的機會。尤其，操做導流量時，用特殊商品吸睛的商品來獲取點擊，導入流量後，該到達頁面通常可在版面上，置入其他熱銷商品，**將導流商品與熱銷商品組合在同一頁面便是到達頁優化的技巧**，這類對各類商品的熟悉，轉而成為廣告投放的商業邏輯，只要導流做得好，獲利變現沒煩惱。

請注意，會帶入流量的商品通常要具備能夠令受眾吸睛的特點，這類商品有時候不見得會有人買。可是只要能夠引起注意，進而吸引受眾願意點擊，如何在消費者點擊進入到達頁後，能發掘、探索其他想買的商品就是關鍵。所以不要因為某廣告的轉換率差就輕易關掉，在實務操作上，懂得廣告操作邏輯，會發現導流跟轉換，有時不一定呈現絕對關聯，能夠利用不同的廣告組合，帶入不同的廣告點擊或是廣告轉換，都有其各自存在的意義。

【廣告優化管理是關鍵】

設計多組廣告群組，主要是為了區隔出每個廣告操作時的策略目標，以便日後進行廣告優化時，能做有效管理。

為了良好管理，廣告活動的受眾一定要細分，千萬不要一個廣告活動涵蓋所有的受眾，此外，受眾也不要設定的太細碎，不然接觸比例會很低，可能低到覺得廣告根本沒有人看到。建議盡量嘗試多組受眾對上多組不同廣告素材的組合方式。

瞄準受眾時應該關注的重點是受眾的興趣及其行為，包括去了解目標受眾喜歡看哪些頁面內容，以及在各個頁面產生的行動，再針對其喜好來設計佈置頁面的內容與引導閱讀、調整頁面動線與優化界面。

【組合搭配抓成效】

廣告操作優化很重要的觀念是「組合搭配抓成效」，簡單來說，為什麼要組合吸睛商品與常賣商品的廣告，除了導流外，就是為了增加回購，如果回購率能達到30~40%，即表示業績很好，也就表示廣告成效甚佳。

說到廣告成效，素材絕對是關鍵。其實，素材並不會影

響受眾，只有預算和出價才會影響曝光，素材影響最重要的是點擊

至於素材，溝通訴求與文案創意是關鍵。如果商品本身不理想，就要在素材文案與視覺的創意上下功夫。**要是同時打廣告的競品太多，各家訴求太過接近，也請在廣告素材上多下功夫，或是能夠盡量搭配情境式的影片做溝通，效果會比起純粹看圖片要來得好一些。**

檢討成效時，如發現轉換不好的廣告千萬不要馬上關掉，尤其是毛利高、轉換不佳、點擊數量漂亮的一定要留下。至於銷售量上不去的問題，就重新檢視商品屬性，拉出更多、更細膩的條件，複製到新的群組，重新操作，原來的廣告已經在跑，而且有收入，何必在去調動呢？不如將新條件複製到新群組，做小小的修正就好，至於原來的廣告就留作「基準組」，新的廣告則是更改過變數的「實驗組」。

一次一個群組只能更動一項變數，因為設定群組是為了要找出基準、對照及實驗，一次同時更動多項變數反而容易造成混亂，屆時更難找出影響廣告成效的原因。

5.4 受眾要針對性的描準，達到真正優化的效果

【分辨ROI與ROAS的差異】

投放廣告，一定要有廣告成效推估的觀念。尤其談到要透過廣告變現，必然得去思考兩個重要名詞之間的關係，各別是ROI（投資報酬率：Return On Investment）與ROAS（廣告花費報酬率：Return On Ads Spending）。因為，這兩個名詞有根本意義上的不同。

通常，ROI指的是商品透過廣告銷售出去之後，扣除進貨成本、廣告成本等，才是投資報酬率。而ROAS則是只看從廣告銷售出去之後，扣掉廣告成本的銷售回報率。兩者意義不同，得出來的數字也會差異很大。

ROI投資報酬率的公式

$$\text{ROI}=\frac{\text{流量帶來的營收}-\text{進貨成本}-\text{流量獲取成本}}{\text{流量獲取成本}}\times 100\%$$

廣告操作稍微有經驗的人，通常會有些共通溝通的語言，例如：「我的ROI是3，你的ROI是多少？」這背後代表的意思可能是：「我投了廣告之後，再扣除進貨成本與廣告成本之後，回報的銷售率竟然還有3，這數字表現得還不錯。」實際來具體的算一下，或許會比較容易ROI到底代表的意思。

舉例來說，流量獲取成本（廣告成本）為100萬，從廣告執行之後所帶來的營業額為1,000萬元，此時平均商品的毛利為40%，那ROI應該是多少呢？

進貨成本×1,000萬×60%（扣掉毛利40%）＝600萬

ROI算式

1,000萬－600萬進貨成本－100萬流量獲取成本＝300萬
300萬÷100萬流量獲取成本＝3
所以ROI＝3。這數字跟剛剛舉例的數字恰好相同！

如果流量獲取成本變成300萬的時候，ROI又會成為什麼樣呢？

ROI算式

1,000萬－600萬進貨成本－300萬流量獲取成本＝100萬
100萬÷100萬流量獲取成本＝1
ROI＝1

代表著，此次廣告投放出去的投資報酬率是1，也就是沒賺到錢。

可是還有人員管銷費用得支付，代表此次廣告操作出去的效益，帶入的收益為負，這對於零售業者當然非常不理想！因此，ROI能越高越好，可是ROI要提高，除了毛利是影響關鍵，廣告成本能不能控制在一定的金額裡更是必須做好的課題。但是，如果零售商的數位廣告，常交由數位行銷代理商操作，得到的數字多為ROAS。

ROAS廣告花費報酬率的公式

$$ROAS=\frac{\text{流量帶來的營收}}{\text{流量獲取成本}}X100\%$$

這數字算起來簡單，背後沒有進貨成本，可是對於評估廣告成效而言，其帳面數字呈現的效果可能很漂亮，但是不是真的能為零售商帶來實質的收入，或是做越多賠越多的狀

況，都得經過審慎的評估。不建議只看ROAS，尤其是在廣告系統之中，通常回報的數字以ROAS居多，因此會造成看似廣告成效還不錯，但卻忽略了進貨成本，造成銷售越多賠越多的窘境。

舉例來說，流量獲取成本為100萬，廣告執行之後，流量帶來的營收為1,000萬，這時候ROAS又是多少呢？

ROAS算式

1,000萬營收÷100萬流量獲取成本＝10

ROAS＝10

比起剛剛的ROI為3來說，ROAS的數字是10，看起來漂亮不少吧？

可是這數字僅只是從廣告投放出去帶來的銷售而已，並不包含進貨成本，因此在實際做商品銷售買賣的零售商而言，最好還是看ROI。但數位廣告系統無法讓零售商輸入每個商品的進貨成本，因此提供的數字多為ROAS，所以理想的狀態還是要可以自己多多去算過才知道具體現況。

知道ROI跟ROAS的目的到底為何？通常，我們會聽到業界的人們這樣說：「你1塊錢行銷費用，帶來多少錢的回報？」此時，要是有人回說：「我1塊錢帶來10塊錢的回報，這多棒啊！」這下要先弄清楚，他所說的10塊錢回報是屬於ROI還是ROAS，兩者差異之大，前面已經提過。

如果是ROI，那這次的廣告操作應該獲得的效益很值得讚賞，可是如為ROAS時，這就不得不謹慎。尤其，數位行銷代理商在提及自身的行銷操作效益時，通常報上來的會是ROAS而非ROI，沒搞懂對方的意思，可能日後合作就會造成很大的認知落差。

【廣告成效的推估】

了解ROI與ROAS的差異之後，接著要來推估廣告成效。廣告成效跟廣告成本有絕對的關係，因此要先懂得廣告成本的計算方式，才能去做後續成效的推估。推估這，是為了要讓廣告操作時的方向，可以找出一個依循的概念，而非要廣告成效純粹只是靠呼口號的方式。在規劃廣告先期策略時，廣告訂定出來的成效是否合理，還是要先經過推估，才有辦法確認。不是隨便喊個金額，想要越高越好，成本越低越棒，這會造成廣告操作時，少了支撐策略執行的重心。

廣告成本的組成，不外乎是由廣告曝光數與點擊數所構成。按照常理，廣告要支出的成本越低越好，但因為即時競價機制的關係，導致某些受眾特別多廣告主在競價時，會大幅提高廣告出價的金額。這時，廣告出價金額到多少算是合理範圍，這就跟廣告成本有絕對的關係。要算這些之前，得先會算廣告成本。

「廣告成本的推估。」

舉例，廣告主期望用100萬廣告預算，廣告點擊率1%，並想要做到共計5萬次點擊，此時廣告成本為多少？

100萬廣告預算÷5萬次點擊＝每次點擊成本20元

CPC=20

曝光數＝5萬次點擊÷1%的點擊率＝500萬次
每千次的曝光成本＝500萬次的曝光數÷1,000＝5,000
100萬廣告預算÷5,000（每千次曝光成本）＝200元

CPM＝200

從100萬元廣告預算，可以得出兩組廣告成本，各別是CPC＝20元與CPM＝200元的數字。

「廣告成效的推估很重要，畢竟廣告成效有時不一定如預期那般好。」

實際執行廣告時，必然會有其他的廣告主同時在競爭，尤其某些熱門受眾，獲得許多廣告主的競價支持時，勢必廣告出價會再向上攀升。為此，廣告成本的推估就可以推出許多套不同的版本，再搭配ROI與ROAS的計算，廣告成效就可能會在經過一連串的計算，落在某個範圍區間之內，而這成效就會比較貼近預期的效益。

舉個例子，廣告主預期用廣告預算100萬元，做到廣告曝光數至少要500萬次左右，點擊率1%，轉換率為5%，其轉換目標為訂單成交，毛利為30%，客單價2,000元，此時廣告相關成效數據個別是多少呢？接下來就來好好一步一步的計算。

點擊數＝500萬次曝光×1%的點擊率＝5萬次點擊
轉換數＝5萬次點擊×5%轉換率＝2,500次轉換數
廣告收入＝2,500次轉換數×2,000元客單價＝500萬營收
進貨成本＝500萬×（100%－30%）＝350萬
點擊成本＝100萬÷5萬次點擊＝20

CPC＝20

每千次的曝光成本＝500萬次的曝光數÷1,000＝5,000

100萬廣告預算÷5,000（每千次曝光成本）＝200元

CPM＝200

ROAS

500萬營收－100萬廣告預算＝400萬廣告營收

400萬廣告營收÷100萬廣告預算，ROAS為4

ROI

500萬營收－350萬進貨成本－100萬廣告預算＝50萬淨利

50萬÷100萬廣告預算，ROI為0.5，不到1

從結果來看，似乎相當不理想，在一連串的計算之中，這不過只是其中一組算式。廣告主可以各別設計出幾組想要的預期數字出來，例如，廣告主覺得廣告點擊成本太高，想要從20元調降到10元，在其他數字不變的狀況下，點擊數勢必會變多。或是曝光數500萬次太少，想要變成800萬次預算不變，而點擊率不變的情形，點擊數也會增加。這些各種說

出來的假設，都可以成為廣告成效預估的幾種不同試算情境。

廣告成效優化，正是因應廣告主的回饋，將成本降低或是提高點擊數與曝光數，在這些相互連動的目標之間，找到符合且合理的廣告成效目標。算這些數字不難，但要是可以多算幾組出來，這在廣告實際執行的過程中，至少會有可以參考的指標、指南，在廣告調整出價或預算時，不會落入漫無目的的隨興亂調之中，造成怎麼操作就是無法向廣告預期成效逼近。

【觀察廣告執行在不同時序的變化】

Facebook廣告從所有廣告設定完成之後，隨即開始進行廣告的執行。但是，Facebook廣告的報表，是屬於總計積累的方式在加總，而不是分成各個不同的時段出不同的數字報表。舉例來講，當一組廣告組合經過一天廣告執行結束之後，廣告報表上面出現的點擊數，是這一整天累計下來的數字，而非每個小時的個別點擊數字。但是，廣告要優化，還是得要找出廣告在不同的時間點，各自廣告執行後的效果為何，這樣才能去比較每一天的同個時段，針對同一組受眾，其廣告成效是不是呈現正相關，還是每個時段的落差都很大。

為何要得知每個時段的差異？因為受眾上線的時間不同，還有廣告主背後同時在競爭出價的人數，以及出價的高低都不一樣，因此要辨別出到底是受眾沒上線，還是因為被其他廣告主搶走，要提高出價，都要有參考的根據。

這些根據來自於過去廣告投放在每一天每個時段執行的狀態。建議，想要盡量讓預算貼近預期目標，最好能掌握每個小時的廣告變量，也就是每個小時，點擊數與曝光數的變化，看看在不同的時段，是呈現增長還是衰退的走勢。

「拉長時間觀察用戶習慣上網的時間。」

因為用戶會有習慣上網的時間，而如果在選擇廣告受眾不是常態變動之下，進行連續兩週、三週的廣告執行觀察，應該可以看出受眾接觸廣告的狀況面貌。

像是白天通勤時，早上七點到九點之間，會不會廣告曝光數特別高，但點擊率相對較低？如果連續觀察數週後，發現有這類似狀況，那或許可以提早在六點的時候，將廣告出價降低，減少不必要的廣告支出，造成過多曝光卻無人點擊的窘境。反之，如果在那該段時間，曝光數高點擊數也高，從過去每天觀察的記錄均呈現類似結果，這時，趕緊將其他的廣告預算挪過來，強力放大七點到九點的廣告執行強度，進而獲得較高的點擊。

還有，廣告點擊在一天二十四小時之中，會有起有跌，什麼時段是什麼數字起來，起來的幅度多少，跟前一天相比是否相同，這都是要去關注的重點。因為廣告要優化，其實在做的事情就是跟一大群背後看不到的廣告主競爭，同時試著去掌握受眾上線的時段以及自身廣告是否有無播送到受眾面前。理想狀態下，廣告執行的所呈現的曲線，應該是一條持續向上增長的曲線，但有時候卻看起來像是一條由許多高峰、低峰組合出來的波浪線，最差狀況則是一條平直的橫線。也因此，在這就要特別將每個時段的廣告執行效果區分出來。

「用每個時段的效果執行廣告，效果會最好。」

每個時段的效果區分出來，可以用來看出時段與時段之間的變量，每個時段間的執行狀態，是屬於成長狀態，還是屬於下跌狀態，這中間變化的量差有多少，而經過每一週的比較，在每一天的不同時段，比較出來的廣告執行成果，是否有其相似性，又或者是每個時段的變量都差異慎大。各種廣告在執行時所產生出來的數字，要是能夠經過時間序列的細分，則可以掌握廣告是不是如預期那般的往期望值走，要是不是，從哪個時段下手去做調整，都可以成為廣告優化改善期執行成效的參考要素。

廣告執行效益要好，不外乎能調整的重點還是在於受眾、出價與預算跟廣告素材上。但是要調得好，不是純粹憑直覺去調整，而是要能夠從廣告過去執行的紀錄，發掘廣告執行在每個時段、每一天、每一週的各別差異，帶給廣告操作人員怎麼樣的洞察與分析觀點。有重心、有方向性的去做各種指標的調整，看著曲線圖與數字報表，再來掌握好到達頁後的內容配置，廣告轉換成效要好，相對就值得令人期待，集客變現即可成真。

5.5 廣告要「做廣」還是「做準」？

【逼出點擊的廣告素材操作策略】

決定受眾會不會採取行動的關鍵在於點擊廣告素材，但多數時候因為受眾接觸到廣告素材時，身為廣告操作者，並不完全知道廣告素材到底是好還是不少，而在廣告開始執行時，當廣告素材不好沒有點擊時，卻又不知道該怎麼做，相對就會造成沒必要的廣告預算浪費。

所以，想要具體知道廣告素材對於受眾而言到底有沒有吸引力，能不能吸引受眾們去點擊，實務操作上還是有一些方法與技巧。廣告素材之所以重要，全因為受眾願意點擊，才會對到達頁帶入流量，不想點擊的話，廣告只有曝光效果，對於講求成效的廣告主而言，可能就無法符合預期。

想要測試廣告素材到底有沒有人會點，首先要針對具一定數量且精準的受眾投放廣告，素材最好多準備幾組，另同樣的受眾，可以接觸到不同廣告素材，去測試素材之間的關係。如果，廣告素材在該群受眾沒有產生點擊的話，這時，要趕緊調整受眾，可能這整組廣告素材，對應到的受眾並無法引起他們的興趣。受眾盡快調整，然後再來做第二次測試。

經過測試之後，要是有產生廣告點擊，此時觀察點擊的數量與頻率，如果在短時間內所產生的點擊密度很高，表示受眾找對了，廣告素材也能吸引到這群人。接著，趕緊用Facebook「自訂受眾」功能裡面的「類似廣告受眾」功能，將這群已經發掘出有用的受眾，用此作為依據，找出其他類似相關的受眾，用以擴大廣告接觸的規模。

此舉，能為廣告操作者找到一定規模的受眾，同時還能為廣告素材在受眾之間是否願意點擊，點出了明確的方向。再者，當受眾與素材之間的關係明確後，則要開始試著調整「出價」與「預算」。

誠如先前提過的，廣告受眾不會只有一組，廣告受眾依附在廣告組合之下，廣告執行效益要能被監控，廣告帳戶裡必須要有架構的觀念，因此，多種不同類型的廣告組合在設計好的架構裡，受眾與素材呈現正相關，趁機針對執行效益好的組合，加碼出價提高預算，則可帶來更多廣告效益。

「希望很多人看到廣告還是要化成購買。」

面對龐大稍微有些複雜的廣告操作機制，許多初次操作網路廣告的人，不免會去猜想：「會有多少人看到廣告？是否能看到廣告就會行動？」理想狀態當然是：「很多人可以看到廣告，而且看到廣告後主動採取行動，進而為廣告主帶來足夠的點擊數，甚至在到達頁之後，獲得足夠的轉換。」

初次操作廣告的建議流程

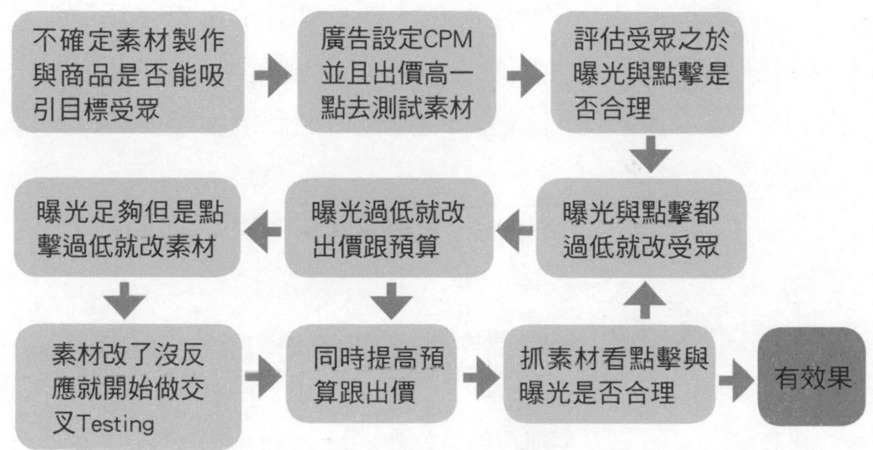

以上兩個問題，建議分成不同面相來思考，第一個問題背後可以解讀成**「越多人看到越好」，所以廣告要「做廣」，以最大化廣告曝光為目的**，盡量替廣告帶來高曝光數，同時接觸受眾規模越廣越好。

第二個問題更進一步可拆解成**「點擊廣告的人應該就是購買的人」，為此廣告採取「做準」可能會是比較恰當的策略**。期望值是最好看過的受眾，均會被觸動然後行動。廣告操作策略，該「做廣」或是「做準」，甚至兩者兼顧才會比較合適呢？

【廣告策略採取哪一種較適當？】

「做廣」或「做準」目的不同，其設定方式會有差別，從受眾、廣告預算、出價金額高低、出價模式都會有明顯的不同，選擇廣告策略的邏輯，還是得回到原始想要的行銷目標而定。

廣告操作策略該如何選擇？

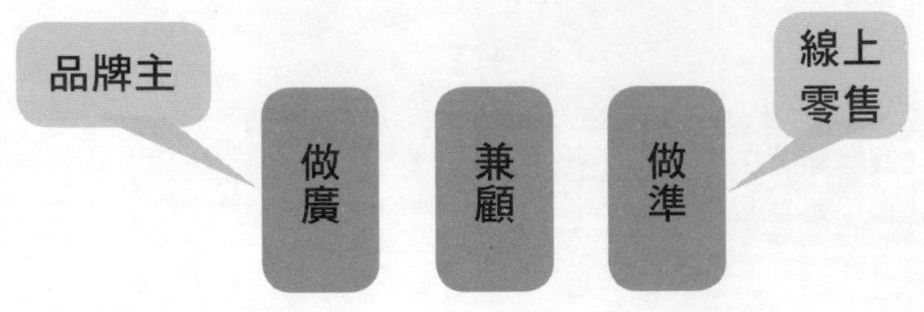

「『做廣』和『做準』有什麼不一樣？」

要選擇做廣，得先思考清楚「廣」的廣告策略是什麼，尤其要廣範的接觸到不同受眾，勢必從商品屬性、特色、品牌等，得先經過策劃，想清楚在做廣的策略之後，其對應的成果可能想要目標為何。例如想要品牌接觸？提升品牌印象與好感？形象宣傳或再造？或是做到新品曝光？召回老客戶？每個問題，都跟廣告策略有直接的關係，進而決定廣告素材呈現的樣貌。

至於做準的廣告策略，得聚焦在相對明確目標上，像是商品銷售、取得客戶、獲取參與、增加下載數等。因為目標明確，廣告瞄準受眾要精準，代表相對規模不會太大。但是，請記得，即使廣告受眾不大，不代表同類型有效的受眾，不能複製相似多組出來。這邊提到的準，主要還是聚焦在規模於一定程度以內的受眾，只要受眾對廣告素材有產生點擊，為了追求較大效益，受眾勢必還是得依照情況擴大。

影響做廣或做準，其要素還是會回到廣告預算、出價金額高低、出價模式，三個要素身上。

舉例來說，選擇做廣，在受眾設定時範圍設定很大，可是預算太低、出價過低、出價模式採取點擊的方式時，廣告要得到期盼的曝光數，自然有其難度。同樣的，做準也是，如果受眾設定過窄、過小，即使廣告預算拉高，出價很高、出價模式改由CPM時，同樣不容易看到廣告的執行效益。

個人建議在廣告執行時，真不知出價該高還是低，也不清楚預算怎麼分配在不同廣告組合會比較好的話，其出價模式先以「自動出價」測試執行狀況。看看自動出價之後，廣告執行後的平均成本落在哪個範圍之內，再來決定之後要不要改由手動。

想要設計出一套理想的出價策略，做出可接受的出價方案，得多方嘗試在不同受眾之間，廣告執行狀態是否正常。自動出價有可能是出價平均值的上限，並非是最低價，可是好處在於廣告會比較容易被受眾看到。有看到才有被點到的機會，沒看到廣告設定再複雜，一切都是白搭。

「做廣」與「做準」的差別

	做廣	做準
受眾選擇	相對規模較大較廣	相對規模較小較窄
廣告型態	形象式的廣告	商品式的廣告
廣告預算	依現況而定	依現況而定
出價金額	變動度低	變動度高

「怎麼判斷該『做廣』還是『做準』？」

決定廣告操作策略怎麼走，還是得回到廣告主想要廣告的商品特性與屬性之中，其次是受眾、成效衡量的準確度、執行操作的穩定度、預算運用的多與寡。

譬如前面幾篇曾提過的特殊商品，就可以採取做廣策略，利用這類商品的特色，從設計性、獨特性、差異性來換取點擊數，進入到達頁的流量就會越多。特殊商品好比門面，因廣告素材吸睛，引起消費者點擊意願較高，適合用作到達頁。

再者，妥善利用特殊商品能吸引點擊的特性，為其規劃與設計到達頁，與其他同類型不同商品做推薦，尤其是與長賣的一般商品配合好，由該到達頁導流到其他商品頁，可得到較多的銷售機會。

由於**到達頁面才是決定消費者是否會做結帳動作的關鍵，或進一步採取行動**，若想提高廣告執行後的轉換數、轉換成果，只要受眾、廣告素材不要太差，商品選品有到位，文案與圖像溝通訴求切中受眾的心，通常可獲得一定的點擊數。

唯有受眾能點入到達頁，才是真正取得廣告成效的關鍵，在此決定轉換率的高低。如果到達頁其頁面引導、內容配置、文案誘導設計不佳，無法觸動消費者的購買慾望，轉換效果就會很差！

「做廣」或「做準」的判斷基準

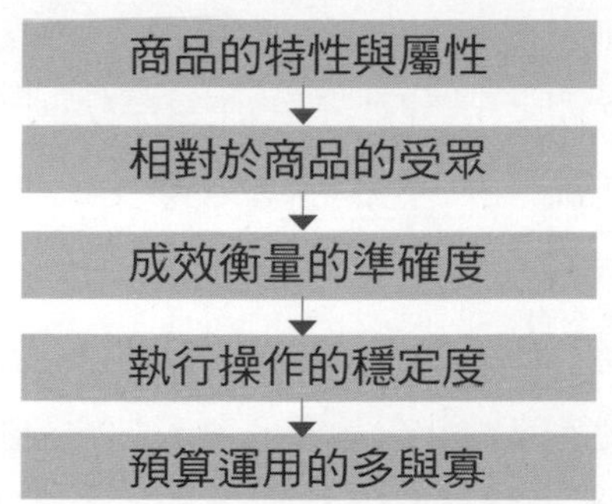

「冷門商品的操作重服務與品質。」

除了特殊商品，還有冷門商品的操作，可用來做銷售精準分眾，特別是操作廣告時，其受眾規模相對會更窄，預算不需太多，但可獲取轉換之效益會比起其他商品要來得好一些。雖然，對於整個線上商店無法帶來大量的流量，卻能夠累積線上銷售的服務經驗與品質，在消費者心中留下好印象，同樣可歸為廣告策略之一。

事實上，制定廣告策略，沒有最好或是最理想的做法，經過前面的說明，主要得看商品屬性，或是行銷標的是否熟悉，同時要辨識清楚對於自身產品在市場上的品牌認知、品牌定位及對消費者對於產品的認識程度而定。

【廣告曝光數不如預期怎麼辦？】

個人建議，要是預算小的話，請設定小受眾（做準），運用細水長流的觀念，盡量抓準目標受眾。不要一開始期望廣告可以觸及規模太廣受眾，秉持著「藉一定程度的曝光，向市場持續溝通」為出發點即可。初期廣告素材的溝通可以令一部分的受眾有印象比較重要，至於點擊則看長期累積下來的點擊效果好不好再來討論。

等整體廣告操作策略都很熟悉，並且上手，了解廣告執行時產生的各種反饋與反應，廣告素材的溝通能輕易抓住受眾胃口，在日後，會比較敢去嘗試不同的廣告投放方式，再視實際狀況調整策略方向。

小預算用久了，想嘗試稍大的廣告預算，期望廣告曝光數可以提高，可廣告曝光數不如預期時，有可能是過去廣告出價金額太低關係，不妨調整出價方式，改為「自動CPM」（自動出價）來測試看看廣告曝光數是否有明顯提升。理解並設定好策略之後，可以先按照前面提過的「廣告成效預估」，設計幾套不同廣告執行效益評估表，運用在日後實際執行時，可去比較與辨識影響廣告的設定參數是否在掌控之內，包括受眾、曝光數、點擊數與點擊率。

另外，如果同一時段的競爭者較多，或是受眾設定的太細、人數太少，也可能會導致廣告曝光數不足的問題——設定的受眾若太窄、太偏，這群人上線比例低、時間少，自然會影響廣告曝光數。

還有，廣告走期太短也會對廣告曝光數產生影響，還沒看到明顯的成效，就停止執行廣告投放，相對地也不會有令人滿意的結果。

會影響廣告執行的元素

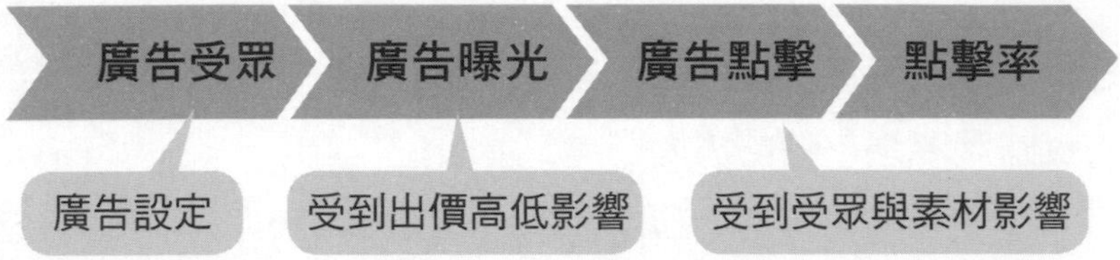

廣告受眾 → 廣告曝光 → 廣告點擊 → 點擊率

廣告設定　受到出價高低影響　受到受眾與素材影響

【邏輯決勝點，有效運用出價模式】

再來是出價模式的選擇邏輯很重要。從廣告提供的選項之中，可簡單劃分成CPM及CPC兩種操作方式。選擇出價模式的邏輯，要先了解這兩者之間對廣告系統的差別。**採取CPM的話，廣告系統會盡量以提高曝光廣告數為主，令廣告可以接觸到足夠受眾。**

相對的CPC則看點擊，這跟CPM有些不大一樣的地方是，**如果CPC出價夠高的話，廣告曝光數也會跟著大幅增加，但廣告成本可能會居高不下；可是出價過低，廣告要被看見機率也會下降，因此選用CPC，最好先測試過廣告素材是否有無點擊數量出現。**

不確定廣告素材是否能對受眾產生點擊意願，建議先從CPM下手，提高曝光數之後，再來看看點擊數是否有無相應成長。有成長，可改為CPC再來觀看曝光數是否會大幅下降，沒有下降那就不需要提高CPC的出價，不過如曝光數有下降，連帶影響點擊數下降，這時要不就是提高CPC出價，或是改回CPM同時提高CPM的出價，維持原本高曝光數與該有的點擊數。

這兩者出價模式的決策，全是動態調整，沒有固定該怎麼做會比較好，因為背後在競爭的廣告主太多，彼此在受眾選定上還是會有很多重疊之處，能夠持續觀察廣告執行時的狀況，隨機因應去調整才是上上之策。

【大膽嘗試，運用最佳預算配置】

雖然「廣」或「準」並沒有絕對的選定標準，最終還是看廣告成效的轉換狀況如何，當然轉換率好的廣告策略為優先。但若一定找一個「做廣」或是「做準」作法的話，建議不妨評估一下廣告主對商品的熟悉度，熟悉的話，選用適當的廣告素材，比較容易抓住受眾胃口，也比較敢嘗試不同的投放方式。

尤其，大部分廣告主擔心廣告預算被快速用完，還沒看到廣告執行的效益，預算已經沒了。廣告預算的配置，跟廣告組合有很大的關聯，配置的好，廣告策略可以更彈性的做出不同廣告組合來接觸各類受眾。要是配置不對，則限縮廣告能接觸的受眾。

「廣告預算分兩種。」

廣告預算分成「總預算」與「每日預算」兩種，預算使用的快與慢，看的是廣告走期與出價金額高低。

舉例來說，廣告走期為七天，廣告採取總預算，其預算為7,000元，等於是每日預算可能會平均分配到1,000元。但，廣告實際執行時，還是會因受眾是否上線，廣告有無接觸到為優先。所以，廣告用總預算的方式，可能每天的預算不會恰巧都是1,000元，而是某幾天較高、某幾天較低，但在這七天之內，這總預算7,000元廣告系統會盡量執行完畢。

單日預算則不同，不論廣告走期多久，每天的廣告預算有個上限在那，廣告系統則會依照該筆預算，安排廣告排程，令廣告的執行可以符合單日預算的分配。比起總預算，單日預算的設定，能令每日廣告要執行的花費相對穩定，不會向總預算那樣有些日子高、有些日子低。可是差別就在於，總預算會讓某些日子預算花費高，可能是相關的受眾都有上線，因此會加大該時段或日期的廣告執行強度，要怎麼選擇，沒有一定的答案。

分享個小技巧，廣告主因為預算有限，往往不敢花費太多錢去投放廣告，而選擇用每日預算去執行廣告，想要維持每日廣告具有一定程度的曝光數。可是回顧整個廣告操作，重點還是在廣告執行時，能不能帶出具體的效益，好比曝光數對上點擊數，展現出像樣的成績。

因此，才會有調整受眾、出價、調廣告素材等行為，而這時廣告預算則成了推動各類調整行為的強力燃料。廣告預算不足，調整再多能看到的效益還是有限，但廣告預算無法提高的狀況下，難道不能做廣告優化嗎？

當然可以！但這要花點心思。廣告主如果手上有1萬元的廣告預算，此時廣告走期分成三天或十天，這兩區段的廣告走期相比較的話，三天會比較「快」看到執行結果還是十天會比較「快」呢？答案很肯定，必然是三天，因為廣告執行時間較短，廣告執行出來的結果會比較快看到。

理解上述邏輯的話，廣告素材想要在較短的時間之內看到有沒有受眾要點，也是用同樣的邏輯來操作。**預算不變的狀態下，想要測試受眾與廣告素材之間的關係，可以在設定預算時，設為每日預算**，然後即便廣告主的總預算只有1萬元，不代表每日預算不能設為1萬元。

到這，可能會有個疑惑，為何廣告主的預算只有1萬元，還要用這1萬元變為每日廣告預算呢？難道不會廣告預算一下子就用完嗎？這邊就是技巧所在，廣告預算設定為每日預算，則是該日最大預算上限，輸入1萬元，不代表今日這1萬元設定完之後就放置不管。

而是設定1萬元之後，趕緊開始觀察，必須時時刻刻盯著廣告執行時的數字變化，花心思看廣告預算在每個小時的執行狀態。操作的當下，發現一有變動或是過度花費，趕緊暫停廣告，甚至修正廣告策略。

一如剛剛舉的例子，一天用100元預算去測試廣告，跟一天去用1萬元預算測試，會有很大的差別。這差別在於廣告執行時的強度與密度。廣告系統會放大1萬元在一天內的執行強度，其目的是要在最短的時間內去逼出受眾與廣告素材之間的關係。只是，用這方法去操作的話，一定要從設定後的15分鐘開始緊盯著廣告執行時的數字變化，千萬不能放置，不然，廣告預算莫名花完可就後悔莫及了。

全民數位運動，線上線下同步學習！

三大好禮相送

・學習好禮一：線上學習

只要拍下本書書腰，報名全台首創知識娛樂頻道「數位公社」，即可得到 「dcplus數位行銷實戰家」的學習基金200 元 。

流程如下：

步驟1. 掃右側QR code進入「數位公社」報名網站。

步驟2. 購買完成後拍下書腰照片並寄至 service@dcplus.com.tw或線上客服。

步驟3. 經確認後，會直接將「dcplus數位實戰家」的數位學習基金200元發送至您的 dcplus 帳戶中，即可立即使用，並能全額抵用dcplus全部商品。

・學習好禮二：課程學習

凡拍下P.382天地人學堂廣告，傳至天地人官網聊天機器人，即可享有「Facebook 廣告操作與優化策略（假日班）」獨家 6 折優惠。（即日起至6月底止）

流程如下：

步驟1：掃右側QR Code，前往天地人文創官網聊天機器人與 Alice 聊天。

步驟2：將書本內頁拍照照片傳至天地人文創官網聊天機器人。

步驟3：Alice將於24hrs內傳送專屬折扣券給讀者，立即享有由紀香老師授課之「Facebook廣告操作與優化策略（假日班）」，折抵兌換課程6折券！（原價6,000課程，只要3,600元！）

・學習好禮三：企業學習

凡企業購買本書達 100 本以上，紀香老師即親授一堂 90 分鐘的數位行銷課程。限五場，欲洽從速！

詳情請洽：02-22181417 轉 3262 林小姐

職場方舟 006

集客變現時代——

香教你個行銷！

讓你懂平台，抓客群，讚讚都能轉換成金流！

作　　者　織田紀香（陳禾穎）
書封設計　比比思工作室
封面攝影　張明偉
封面梳妝　蔡琇惠
內文版式　徐思文
責任編輯　林潔欣

主　　編　林潔欣
總 編 輯　林淑雯

社　　長　郭重興
發行人兼出版總監　曾大福
出 版 者　方舟文化出版
發　　行　遠足文化事業股份有限公司
231 新北市新店區民權路 108-2 號 9 樓
電話：（02）2218-1417　傳真：（02）8667-1851
劃撥帳號：19504465　戶名：遠足文化事業股份有限公司
客服專線　0800-221-029
E-MAIL　service@bookrep.com.tw
網　　站　http://www.bookrep.com.tw/newsino/index.asp
印　　製　鎮群製版印刷有限公司　電話：（02）2242-3160
排　　版　游淑萍
法律顧問　華洋法律事務所　蘇文生律師
定　　價　380 元
初版一刷　2018 年 3 月

缺頁或裝訂錯誤請寄回本社更換。
歡迎團體訂購，另有優惠，請洽業務部 （02）22181417#1124、1135

國家圖書館出版品預行編目（CIP）資料

集客變現時代——香教你個行銷！讓你懂平台，抓客群，讚讚都能轉換成金流！ / 織田紀香（陳禾穎）著．— 初版．— 新北市：方舟文化出版：遠足文化發行，2018.03
面；　公分（職場方舟：006）

ISBN：978-986-97453-6-9（平裝）
1.網路行銷、2.網路社群
494.35　　108005795